茶之道

自由自在中国茶

李鸿谷 / 编著

天地出版社 | TIANDI PRESS

总序

李鸿谷

杂志的极限何在？

这个问题没有标准答案，需要不断拓展边界。

中国传统媒体快速发展 20 余年，随着互联网和移动互联网时代的到来，尤其是智能手机的普及，新媒体应运而生，使传统媒体面临转型及与新媒体融合的挑战。这个时候，传统媒体《三联生活周刊》需要检视自己的核心竞争力，同时还要研究如何保持生命力。

这本杂志的极限其实也是“他”的日常，是记者完成 90% 以上的内容生产。这有多不易，我们的同行，现在与未来，都可各自掂量。

这些日益成熟的创造力，下一个有待突破的边界在哪里？

新的方向，从两个方面展开：

其一，《三联生活周刊》作为杂志，能够对自己所处的时代提出什么样的真问题？

有文化属性与思想含量的杂志，其重要的价值是“他”的时代感与问题意识。在此导向之下，记者将他们各自寻找的答案，创造出一篇一篇的文章，刊发于杂志上。

其二，杂志设立什么样的标准来选择记者创造的内容？

杂志刊发是一个结果，也是这个过程的指向，《三联生活周刊》期待那些被生产出来的内容，能够被称为知识。以此而论，文章发表在杂志上不是终点，这些文章能否发展成一本一本的书籍，才是检验。新的极限在此！挑战在此！

书籍才是杂志记者内容生产的归宿，这源自《三联生活周刊》的一次自我发现。2005年，《三联生活周刊》的抗战胜利系列报道获得广泛关注。我们发现《三联生活周刊》所擅长的不是刊发的速度，而是内容的深度。这本杂志的基因是学术与出版，而非传媒。速度与深度是两条不同的赛道，深度追求，最终必将导向知识的生产。当然，这不是一个自发的结果，而是意识与使命的自我建构，以及持之以恒的努力。

生产知识，对于一本有着学术基因，同时内容主要由自己记者创造的杂志来说，似乎自然。我们需要建立一套有效率的杂志内容选择、编辑的出版转换系统。但是，新媒体来临，杂志正在发生蜕变与升级。"他"能够持续并匹配这个新时代吗？

我们的"中读"APP，选择在内容的轨道上升级，研发出第一款音频产品——"我们为什么爱宋朝"。这是一条由杂志封面故事、图书、音频节目，再结集成书、视频的系列产品链，也是一条艰难的创新道路，所幸，我们走通了。此后，我们的音频课，基本遵循音频—图书联合产品的生产之道。很显然，所谓新媒体，不会也不应当拒绝升级的内容。由此，杂志自身的发展与演化，自然而协调地延伸至新媒体产品生产。这一过程结出的果实便是我们的《三联生活周刊》与"中读"文丛。

杂志和中读的内容变成了一本本图书，它们是否就等同创造了知识呢？

这需要时间，以及更多的人来检验，答案在未来……

序：自由自在中国茶

郑培凯

过去一个世纪以来，中国人喝茶的主流方式是叶芽冲泡，也就是把制作好的茶叶，不管是绿茶、红茶、乌龙茶、武夷岩茶，还是茉莉花茶，直接放在茶壶或茶杯中，倒入滚烫的开水，就可以优哉游哉，自饮或飨客了。其实，这只是中国人历来喝茶的一种方式，而且是明代以后流行的方式，并不能在时空坐标里作为中国茶饮的唯一面貌。

从时间上来说，三国时期古人就开始制茶为饼，而在隋唐时期则流行研末烹煎，到了宋元则以研末击拂成泡沫为主流，也就是后来日本抹茶道的元祖。从空间上来说，历代不同的制茶方法或饮茶方式，在偏远地区经常自有传承，如各地乡间加果加料的擂茶、湘黔云贵地区压制成砖状或饼状的黑茶与后发酵普洱茶，以及清代中叶出现的全发酵红茶，都因有广大群众饮用而成为当地喜爱的饮茶习俗，甚至漂洋过海，改变了西方人品饮的习惯。

日本抹茶道的发展，更是东亚地区饮茶时空演化的明确例证。日本先是在南宋时期从中国引入研末点茶，到了15—16世纪逐渐经由村田珠光到千利休，出现日本茶道的雏形，直到17—18世纪才确立了“茶禅一味”的侘茶传统。

19世纪中叶开始，中国社会经济停滞不前，国势逐渐颓败落后，文化随之衰微凋零，开始了龚自珍所谓“万马齐喑究可哀”的时代，历代饮茶文化培养出的审美品位与精神追求几乎丧失殆尽，只剩下百姓日常对茶饮的坚持。此时，虽然江南人士依旧盛赞明前雨前的龙井、碧螺春，漳泉潮汕民间浸润浓郁香涩的工夫茶，但是，主要的关注点只剩下口感喉韵，而对于精神领域的心灵提升甚少致意，不再关注茶饮仪式背后的文化艺术想象空间，更遑论历史累积的审美境界、诗情超升与灵修情怀。

20世纪日本的崛起，使得生活在战争动乱与社会巨变中的国人，出现数典忘祖的心态，一听到“茶道”，就觉得与自身文化无关，误以为这是日本独有的文化特色，甚至认为“茶禅一味”的侘寂情怀，是日本茶饮的精神境界高于中国饮茶文化的体现，以为中国从来没有性灵超升的“茶道”传统。这当然是无稽之谈，是晚清以来革命心态对自身历史文化“反戈一击”的副作用，以致民众意识上产生对历史文化的无知，造成新时代精英自我鄙视的误解。

所幸到了20世纪末，大中华社会的物质环境逐渐富裕繁荣，人们对自身历史文化有了自觉的认识与钻研，才开始了解中国饮茶文化的多元多样与多彩多姿，知道历代对茶饮审美的追求是如此缤纷妍丽，有物质层次的感官体验，也有性灵超升的精神探索，有百姓日用的品饮之道，有文人雅士的清雅茶道，也有禅修超越的寺院茶道，是多元开放的文明历程。

与日本文化自我标榜的“茶道”相比，中国茶饮文化是自由自在的品位发展，有精神性也有物质性，更重要的是，精神性超升要奠基在物质品味基础之上，并非空穴来风，在四叠半的空中楼阁中，排斥了丰富多姿的饮茶口感，一味赞叹封闭性茶道仪式的海市蜃楼。

我经常说，从饮茶到茶道，从“喝”到“品”，从日常品味愉悦，到灵修精进，是因时因地因人发展的多元历程。茶饮出现精神境界的关键，是“从形而下到形而上”，从感官愉悦到精神超升的体会，绝不因为坚持精神境界的精进，就必须摒弃茶饮的物质性。每一个茶人都可以是品茶的艺术家，可以是精神持修的禅悟者，也可以是自由自在的喝茶人，在品茶的过程中自得其乐。

茶叶成为饮品，最早是与解渴解乏的养生作用有关，所以古人饮茶的方式，是很随便的。皮日休就说，唐代以前喝茶的方式，与喝菜汤一样，没有明确的品赏意识。

陆羽提倡饮茶与精神境界提升的关系，对民众喝茶只是解渴解乏的态度有所针砭。他在《茶经》里说：“饮有粗茶、散茶、末茶、饼茶者，乃斫、乃熬、乃炀、乃舂，贮于瓶缶之中，以汤沃焉，谓之痷茶。或用葱、姜、枣、橘皮、茱萸、薄荷之等，煮之百沸，或扬令滑，或煮去沫，斯沟渠间弃水耳，而习俗不已。”他观察到时人喝茶的随意性，总是掺和着不同作料，缺乏净化心灵的仪式与规矩。

陆羽主张饮茶有道，强调简约净化的饮茶方式，要建立仪式与规矩，创造属于心灵范畴的“形而上”追求。他特别关注历来饮茶人道德修养的事迹（见《茶经 · 七之事》），提出饮茶有助于精神境界的修持：“茶之为用，味至寒，为饮最宜精行俭德之人。若热渴、凝闷、脑疼、目涩、四肢烦、百节不舒，聊四五啜，与醍醐、甘露抗衡也。”这是最早提出饮茶与精神超升的文字，配合陆羽设计的二十四茶器，以及饮茶仪式的订立，甚至规定茶席的人数以三人为上，五人次之，由是开启了“形而上”的茶道。

北宋梅尧臣盛赞陆羽，在诗中说道：“自从陆羽生人间，人间相学事新茶。”而民间尊崇陆羽为茶神、茶圣，奉为茶饮业的行业神，也是因为他开启饮茶有道的传统，开拓了饮茶多元化的局面。

陆羽提倡简约与净化心灵的茶道，这是饮茶历史上的大事，在宗教、文学与艺术领域，产生了持久不衰的影响。我们只要看看蔡襄的《茶录》与宋徽宗的《茶论》，就可发现茶道讲求性灵自由的审美境界，已经化为上层精英的日常品味追求。从欧阳修、梅尧臣、苏轼、黄庭坚等人的诗词创作，到赵原、唐寅、文徵明的绘画，都可发现一种顺应自然的态度，在隐逸清雅的情境中，进入心灵的自在翱翔空间。

中国饮茶之道的主流，从唐宋到明清，结合了儒家的“内圣”、道家的“心斋”与佛家的“出世”，在扰攘的红尘中，提供了心灵静修的最佳氛围，通过品啜清茗的乐趣，得到生命意义的超越感悟。文徵明的《品茶图》现藏于台北故宫博物院，图中画山居草堂，窗明几净，堂舍轩敞，画家与友人对坐品茗，环境清雅绝尘。茶舍周遭则有山林野趣，小桥流水，苍松乔木映照远山峰峦。画上的题诗是：“碧山深处绝纤埃，面面轩窗对水开。谷雨乍过茶事好，鼎汤初沸有朋来。”后有跋语：“嘉靖辛卯，山中茶事方盛，陆子传过访，遂汲泉煮而品之，真一段佳话也。”可谓诗情画意，隐逸之中酝酿高山流水的情趣，出世超脱又不失人间活泼的气息。这幅画体现了中国茶道的多元开放特性，充分显示文人雅士追求的意境，是回归自然本性的内在超越。其中没有封闭的教规束缚，也没有强烈的道德桎梏，一切顺性自然，活活泼泼，自由自在，是道法自然的生活体悟。

这种生活情趣与生命意义体悟的结合，不仅存在于士大夫阶级的饮茶审美，也出现在一般民众的日常生活中。周作人写中国人喝茶：“喝茶当于瓦屋纸窗之下，清泉绿茶，用素雅的陶瓷茶具，同二三人共饮，得半日之闲，可抵十年的尘梦。喝茶之后，再去继续修各人的胜业，无论为名为利，都无不可，但偶然的片刻优游，乃正亦断不可少。”他说的日常生活要有喝茶的闲适，是生命中必不可少的情趣。

茶之有道，不该只是正襟危坐的坐禅，而是与自然大化共流转的自在。喝茶可以有禅意，但不必坚持“茶道即禅道”，认定了喝茶就是禅修的功课，以读教科书、参加高考的紧张严肃姿态来喝茶，有着强烈的目的性，不利于禅悟的精进。

《茶之道：自由自在中国茶》这本书，围绕中国茶史、茶事、茶境等方面，从中国人饮茶的感官体会说起，叙述茶饮意识系统的演变，讲到茶饮生活向全球的传播。历史的演变，产生了不同形式的饮茶风尚，由斗茶、点茶，带出饮茶环境的设茗焚香，以及茶器配合茶饮风尚的演变。茶与禅修的关系，可以溯源到唐代，禅宗茶仪的出现与清修的结合发展了寺院茶道，到南宋之后直接影响了日本的抹茶道。

本书的面向很广，作者都是精研茶学与茶道的饱学之士，涉及中国茶由器至道的方方面面，也展示了中国饮茶之道的多元性格，是一本从品茶香到品文化、品境界的进阶之书，值得特别推介。

* 郑培凯，香港非物质文化遗产咨询委员会主席，集古学社社长，团结香港基金顾问。

目录

茶道：明月清泉论茶道

茶史：历史光影中国茶

茶經卷上

竟陵陸羽撰

一之源　二之具　三之造

一之源

茶者南方之嘉木也一尺二尺迺至數十尺其巴山峽川有兩人合抱者伐而掇之其樹如瓜蘆葉如梔子花如白薔薇實如栟櫚葉如丁香根如胡桃瓜蘆木出廣州似茶至苦澀栟櫚蒲葵之屬其子似茶胡桃與茶根皆下孕兆至瓦礫苗木上抽其字或從草或從木或草木并從草當作茶其字出開元文字音義從木當作梌其字出本草草木并作荼其字出爾雅其名一曰茶二曰檟三曰蔎四曰茗五曰荈周公云檟苦荼揚執戟云蜀西南人謂茶曰蔎郭弘農云早取為茶晚取為茗或一曰荈耳其地上者生爛石中者生櫟壤下者生黃土凡藝

茶本主义：中国人的茶感觉演变史

茶的中国标准：色、香、味、形——以茶为本，千年过去，未有更改。

蔡襄1064年写完了他的《茶录》，他定义的品茶标准是：色、香、味。过了接近1000年的时间，今人的贡献，也只不过增加了一个字：形。

蔡襄（1012—1067），书法『宋四家』之一、茶学家

茶与蔡襄，看上去是一个彼此相互成就的传奇。

有一个故事说福建建州能仁寺院内，有一棵茶树生长在石缝中。寺内和尚将这里的茶叶制成茶饼八块，名为石岩白，四块送给蔡襄，另四块送给京官王珪（字禹玉）。一年后，蔡襄去访王珪，王珪让弟子泡茶，蔡襄喝了一口即说："这茶很像能仁寺的石岩白。"王珪不信，问弟子，果然如此。

这仅仅是一个超凡嗅觉与味觉的记忆吗？对蔡襄而言，当然是。但理解蔡氏之神奇，需要以茶的制度史为背景。

宋元：贡茶制度的确立

宋朝开始，贡茶院由浙江顾渚转移至福建建安，即使开国初期，建安的北苑贡茶等级亦十分明确：龙茶、凤茶、京铤、的乳……十个品种井然有序。皇帝赐茶，亲王才可能得到龙茶，而皇族、学士、将帅次之，可能被赐凤茶。这是一个依次递减的程序。

嗅觉与味觉的精细化定型，是需要足够多样且高等级茶品饮用才能建立的感觉系统。而蔡襄的官位，与得赐顶级贡茶相去甚远。不过，细究之下，他确是一个例外。宋仁宗庆历年间（1041—1048），蔡襄是福建转运使，负责贡茶制造。做茶的，喝点好茶不意外。在制茶工艺上，他的成就是将传统八饼一斤的大团茶，改为二十饼一斤的小团茶。

宋人彭乘在其《墨客挥犀》里记录了蔡襄与“石岩白”的故事，还津津有味地说了另一个故事：归隐的蔡叶丞邀蔡襄来家中品茶，结果又来了一位不速之客。烹茶侍童很犯难，家里一共只有两块小龙凤团饼茶，不够三人份。侍童随手掰了一块大饼茶混合烹煎。刚端上茶盏冲泡，蔡襄便问：“为何将大小团茶混在一起呢？”

这般近妖之感觉，何来？这是稍后我们需要探索的问题。不过，更急迫的疑问是：以蔡叶丞之地位，他为何能有专贡皇上的小饼龙凤团茶？奠定中国人茶感觉系统的制度性基础，始自贡茶。蔡叶丞何来龙凤团茶，亦须由贡茶制度说起。

贡茶制度化，是茶圣陆羽的建议。这位《茶经》的作者认为，浙江长兴与宜兴之茶“可荐于上”，于是地方官试贡，果获好评——贡茶院于是设在湖州长兴和常州宜兴交界的顾渚山。比附现今，贡茶院应相当于国营茶场。另外，长兴、宜兴之茶，茶香之外，可以在清明之前送至长安，也是它们中选的关键。

“国营茶场”的设立，对唐时社会生态影响深刻。诗人杜牧在其《上李太尉论江贼书》中，曾记录这样的“社会新闻”：每临新茶上市前，长江水系即广泛出没江贼，专门抢劫江河中的商旅，有的也上岸抢劫市镇。他们所劫“异色财物，尽将南渡，入山博茶”。

为什么“异色财物”不销赃于城镇而是进山？杜牧的解释是：“茶熟之际，四远商人，皆将锦绣缯缬、金钗银钏入山交易，（茶山）妇人稚子，锦衣华服，吏见不问，人见不惊”——这恐怕是茶人的最好时光吧。

贡茶院制度所带动的社会效应，大大改变了当时社会资本的投资方向，甚至江贼也挤入此行，可见当时贩卖茶叶利润匪浅。

茶兴于唐，是个系统性的勃发。

从茶叶生产前端，移至产业链的终端观察，饮茶方式自然也由唐定型：炙（火烤）—碾（碾成细米状）—罗（筛出而碾）—煮（水），水热如“鱼目”时加盐，水烫如“涌泉连珠”时加茶，水沸如“腾波鼓浪”则饮用。经此种种，那些香气与滋味，开始积淀出中国人的茶感觉。

由唐发育而出的官方品赏程序，至宋一变，由煮茶而变为点茶。宋茶之“碾”由细米状变为茶粉状，最后一道程序则由唐时的“煮”改为“点”茶，茶粉不再投入水盏，而是放进茶碗直接冲泡，茶与水并饮，这已接近现代中国人绿茶的饮用方式。

时空变换，宋代的点茶法并未绝迹，仍在日本发扬光大。唐朝茶叶

千利休（1522—1591），日本茶道『鼻祖』和集大成者

已传日本，经过近千年演变，日本目前主要的两种茶道：其一为抹茶道，即中国宋朝的点茶方式；另一为煎茶道，则是明代以后中国的泡茶方式。

日本茶道集大成人物是千利休(1522—1591)，在他接近70岁的时候，因其茶道所含“下克上”的茶具安排，以及其政治主张、艺术理念与丰臣秀吉相异，而被赐死。千利休之死，反而使他创造的茶道瞬间定格。这被固化的茶道，其核心是礼仪与程序。茶为载体，精神为本。

日本茶道作为一种“他者”，所印证的中国茶，其根本是茶仍为茶、一种“杯中滋味长”的嗜好品——茶本主义，才是中国茶之要旨所在。

日本茶技源自中国，何以后来渐行渐远？文化解释之外，回到茶的感觉系统演变，当是一条认知之道。现在看起来，“蒸青”与“炒青”的中日制作之别，从茶感觉系统的形成机理上，区隔了两国。

那个让蔡襄顷刻间感觉出大小团饼茶之差异的故事，想说明的是：小团茶与大团茶并非大小之别。宋朝的“点”茶，在沸水冲泡茶粉之际，需要不停地搅拌，使茶汤生发泡沫，泡沫越细越白，说明茶品越好，等级越高。唯有顶级的小团饼茶才能制造出超级细白的泡沫，明眼人无须品尝，仅凭目视即可判断“大小”团茶。这才是小团饼茶产生的关键，品鉴需求促进制茶技术的变迁。

白色细腻的泡沫，作为一种视觉奇观，使用福建建州烧制的黑釉“建盏”方能衬映它的美丽。这一技术后来也流传至日本，至今沿用。

有趣的是，在建州发现的“建盏”窑窟之多，大大出乎想象。朝廷用得了这么多建州的茶盏与茶碗吗？我们去看看蔡襄之书，答案是：宋朝民间“斗茶”之烈，超乎前朝，后世也无比肩者，而这也同样是蔡襄所推动的。建盏之盛，原因在此。

关于斗茶，范仲淹诗曰：“胜若登仙不可攀，输同降将无穷耻。”“斗茶”原理，古今一致，看谁能够冲泡出好茶，比谁能品赏出佳茗。蔡襄的茶感觉如此敏锐，这种比赛制度于他当功不可没。

茶作为中国传统等级体系内的奢侈品，其流通方式，至蔡襄开始有了折转。唐时以茶牟利，至宋，则增添一种嗅觉与味觉的感觉能力竞争。这种竞争游戏的存在，使得茶尤其是顶级茶的流通，当然不可能只局限

（宋）建窑黑釉兔毫盏，藏于故宫博物院

于朝廷内部的单向流动。蔡叶丞拥有小饼龙凤团茶，自无须意外，而况中国的制度体系从来都是缝隙多多。

中国人的茶感觉系统，由此开始官民的共同积淀。上下共同的趣味偏好，都是寻找香气与滋味。饮茶作为一种物质性的爱好，茶本身是核心。

明代：从“蒸青”到“炒青”

明朝之于中国茶，又是一次巨大的转折期。

朱元璋嫌传统团饼茶太费时耗力，于明洪武二十四年（1391）罢团饼茶而改以散茶进贡。其实，自唐朝始，即有此制茶之术，但多用于民间消费，不达朝廷。而自长兴、宜兴不再设贡茶院后，两地也都改制散茶，将这一技术迅速提升。

这一变化影响所至，建州之窑，自此衰败。散茶与团饼茶的茶具区别很大。散茶风行后，基本变化是茶由碗入壶了。而此时，瓷器的中心已完成向景德镇的转移，开始全国范围内的制造分工，建盏之衰，势在必然。泡制散茶的专业茶具——宜兴紫砂壶也开始出现了。

从制茶术的角度观察团饼茶之衰与散茶的兴起，一直未被广泛注意的角度是制茶工艺之变。

团饼茶实为绿茶制法，只不过最后聚结成饼——这一制茶模式，第一道工序是“蒸青”，即采摘回来的鲜茶上灶汽蒸，作为杀青的第一步。团饼茶既废，“蒸青”技术逐渐改由“炒青”替代。

科学家鲁成银告诉我，这道变化了的工序，对于中国茶叶发展的影响是革命性的。

中国人贪恋茶叶的香气与滋味，“蒸青”即以热气煮蒸的方式将鲜茶所含的各种香与味的成分保留下来，以供享受。而“炒青”技术的价值在于，高温急炒，一则将那些低沸点的芳香物，比如青草气，给挥发掉了；同时，炒的过程本身，重新进行了物质转化与聚集——香气与滋味，由此更上台阶。

经科学测定，鲜茶叶所含香气成分种类不多，约 50 种；而经过制茶程序之后，绿茶香气成分可达 110 种——绿茶工艺，其实主要也就是各种手法的“炒”而已，而红茶的香气成分则可达 325 种。茶叶香气成分的这种跃进，其核心性技术的突破，在现代的科学的“因果”关系分析里，关键当然是“炒青”。

为什么中国出现了具有革命性价值的“炒青”技术，而日本一直固守“蒸青”技术直到现在？鲁成银说，他相信这种变化背后一定是中国人感觉系统的变迁——至于这种变化的动力何在，鲁成银也没有答案。

“炒青”的出现，打开了中国人寻找茶叶多元感觉的空间，唐宋贡茶所“规定”的香气与滋味规格，不复成为约束。中国人的茶感觉系统，自此不仅别开生面，也渐次升级——进入发现并认识各个茶园的微观地质地理、气候风土、温度湿度……以及茶种特殊性，并寻找与之匹配的制茶工艺阶段。

饮者与茶，经由制茶过程，开始建立互动关系。茶本主义，成为中国茶之根本。由于“蒸青”对茶感觉系统之约束，茶之于日本，走向精神性，自然合理。

当代：来自科学的分析

对于茶叶而言，科学的分析仍然最具解释力。

明朝之后，“炒青”技术被广泛使用，以科学逻辑推导，它将逐渐形成两个纵深发展的路向：一是由绿茶发展出黄茶与黑茶，其中的关键，是黄茶经过杀青（炒青即杀青的一种）之后，经过一个“闷黄”过程，将茶叶轻微发酵，然后干燥；黑茶则将“闷黄”变为程度更重的“渥堆”发酵，香气与滋味又有一变。二是由绿茶发展出白茶、青茶（乌龙茶）与红茶，这里的技术关键是“萎凋”——古人将其描述得十分诗意：三分红七分绿。茶的鲜叶经过一个自然的水分蒸发过程，即萎凋，这同样是一个发酵过程。这道工艺加重一些，如“摇青”，则制成乌龙茶；程度更深，用力揉捻，促使茶细胞破碎，即成红茶。按茶叶教科书描述：绿茶、黄茶、黑茶一路，是湿热氧化；而绿茶、白茶、乌龙与红茶一路，则为酶促氧化。

相对于“炒青”的固化，无论湿热氧化还是酶促氧化，都是对茶的香气与滋味进一步的寻找与拓展。发酵寻香，这种类似中国传统白酒的制造手段，环境气候与茶种的差异，促使各地制茶工艺发展方向开始各循其道。

科学逻辑，简单明确。以绿茶、白茶、乌龙茶与红茶的一路演进而言，自然而然。可是，将逻辑的推导，质之于科学的实证，回到史料来寻找对应科学逻辑的历史发生逻辑，两者之间，并非完全对应。

红茶与乌龙茶谁诞生于前，曾是一个争论很久的话题。有学者检索记载这两种茶类的相关古籍进行研究，证据矛盾，无可确认。

至于白茶，福建百岁茶人张天福早年“据文献记载并访问老农”断定：约在1857年发现大白茶，1885年开始以大白茶芽制银针——按此说法，白茶的出现远远晚于乌龙茶与红茶。科学逻辑，在目前的史料证据前，难以成立。

相对公允之论来自茶学大家庄晚芳先生，他以众多描述采茶过程的古诗词来分析，比如皇甫冉所写“……远远上层崖。布叶春风暖，盈筐白日斜”，要采得一筐鲜叶，需要爬山攀岩，一天时间才能采得一筐，而在这个过程中，茶叶摇荡积压，部分红变，已经半发酵，实则属于乌龙茶的范畴了。

循此逻辑，北苑贡茶院以及后来的武夷山御茶园，众多制茶高手云集，即使在做团饼茶之际，便已经储备了白茶、乌龙茶与红茶的制作技术，只是期待需求出现。

因此，以科学逻辑来重新排列组合白茶、乌龙茶与红茶的制茶工艺出现的时间节点与顺序，不易也未必智。

以中国人茶感觉的积淀过程来观察，明朝弃团饼茶之后，皇家制茶规格被打破，茶感觉多元化，其推动力亦即需求也开始地方化，如此又形成开掘地方茶种植物特性香气与滋味的制作过程——这是真正意义上的茶本主义。在这一过程中，中国茶越发丰富多彩。

鲜叶变成茶叶——香气与滋味的“酿造”，其道其术，源自实践，简而言之，茶之本，在茶农的手上以及他们的经验里。

福建乌龙茶是个例证。鲜叶采摘回来，随即摊凉半小时至一小时，然后摇青，完成它的酶促发酵——所谓“看青作青，看天作青”，意即在此。一切凭茶农的经验。摊凉、摇青、再摊凉、再摇青……如此三四次后，随即炒青，用高温将摊凉与摇青形成的香气固定。然后，武夷山的岩茶则揉捻，安溪的铁观音则包揉造型。再后则是烘焙，如果采用传统工艺，则将木炭烧尽不留明火，由灶灰覆盖，开始上焙笼焙茶，第一次用毛火，第二次用足火，第三次则为炖火——这道程序最为关键，是提香的核心。完成这一切，武夷岩茶终成。如果是铁观音，则烘焙一道，包揉一次，最终定型。

如此复杂烦琐的制茶工艺为何会出现在福建？在这里，仍需用上科学解释。

茶叶鲜味来源的主体为氨基酸，而茶之苦涩味主要由茶多酚决定——茶之香气构成的关键，是茶多酚的氧化，福建茶多为中叶茶，茶多酚含量较高，其氧化酶的活性较强，同时氨基酸与茶多酚之比例也适当，这种生化特征，意味着福建能够制作香气结构最丰富的茶叶。

乌龙茶这种半发酵茶，需要茶多酚氧化适度——度在何处？半发酵，其“半”又如何选择？这才是真正的挑战，既复杂，又提供了无限可能性。最后，饮者的鼻舌之欲，与茶种的特殊性之间，福建茶人摸索出了最复杂的制茶工艺。

在这一过程中，摊凉、摇青与揉捻、烘焙——香气如何渐次形成，又如何与茶汤滋味共融协调，科学能够提供原理性解释，却无法重复其微妙的过程。

色、香、味、形——由此出发，需求促使之下，气候环境与茶种选育、制作聚香与冲泡释香，其实是中国人的茶感觉与茶本身相互开掘彼此最大可能性的过程。

* 本文作者李鸿谷，《三联生活周刊》主编。

有容乃红茶：中国茶的传播史

那位对历史动力有着深刻洞见的新史学开创者布罗代尔认定："任何文明都需要奢侈的食品和一系列带刺激的'兴奋剂'。"——自12世纪与13世纪欧洲人迷恋上香料和胡椒之后，17世纪，中国茶作为影响文明力量的"奢侈品"，开始登场。

印度阿萨姆茶园种植主的后代麦克法兰在其出版的《绿色黄金：茶叶帝国》里，比较茶叶、咖啡与可可这三种世界性饮料后认为，"只有茶叶成功地征服了全世界"。

一场婚礼：英国茶传奇的开端？

1662年5月13日，14艘英国军舰驶入朴次茅斯海港。船上最尊贵的乘客、葡萄牙国王胡安四世的女儿凯瑟琳·布拉甘扎下船后，给她的未婚夫查理二世写了一封信，宣布她即将到达伦敦。那天晚上，伦敦所有的钟都敲响了，许多房子的门外燃起了篝火……

英国人对皇室的兴趣，确实历史悠久。这个故事的记述者最乐意表达的八卦细节是：那晚，查理二世却在他的情妇、已经身怀六甲的卡斯尔·梅因夫人的家中吃晚餐。她家门外没有篝火。

据说，查理二世是在一大笔嫁妆的诱惑下缔结这桩婚姻的。葡萄牙国王承诺给他50万英镑，他不顾一切地想要得到这笔钱，以偿还他从英联邦政府那里继承的债务以及他自己欠下的新债务。

6天后，他赶到朴次茅斯港，和凯瑟琳举行婚礼时，生气得差点要取消这桩婚姻：凯瑟琳只带来葡萄牙国王承诺的嫁妆的一半，而且，即使这一半的嫁妆也不是现钱，而是食糖、香料和其他一些准备在船队抵达英国后售卖的物品……

凯瑟琳的物品里，还包括一箱子茶叶。她是一个有饮茶嗜好的人。

这个故事，一个中国读者读来不免好奇，凯瑟琳当年所好，是红茶，还是绿茶？或者换言，从遥远的东方去到欧洲的中国茶，作为一种历史动力，如何改变世界，又如何改变自身？这是真实的疑问。只是，茶无语，需要被述说。

在凯瑟琳成为王后的第二年，一位英国诗人为她写下了这样一首祝寿诗：

> 维纳斯的香桃木和太阳神的月桂树，/ 都无法与王后赞颂的茶叶媲美；/ 我们由衷感谢那个勇敢的民族，/ 因为它给予了我们一位尊贵的王后，/ 和一种最美妙的仙草，/ 并为我们指出了通向繁荣的道路。

茶甫登场，即被诗人神化。英国茶业专家罗伊·莫克塞姆在其所著《茶——嗜好、开拓与帝国》一书里，将这个故事列为英国茶传奇的开端：凯瑟琳将饮茶变成了宫廷的时尚，随后这一习惯又从宫廷传播到了时髦的上流社会。

一幅主题为『下午茶』的油画作品

中国茶进入欧洲，一般认为始自1606年，荷兰人首先将这种“仙草”作为商品进口到了欧洲。至于何时进入英国，迄今，多数论述皆引自马士所著《东印度公司对华贸易编年史》：1664年，东印度公司董事用4镑5先令购买了2磅2盎司茶叶送给国王，这些茶叶大概是从荷兰货船船员手中购得的。

不过，在最新出版的《茶》这本专著里，罗伊查找大不列颠档案，发现：1664年东印度公司下了第一笔订单，从爪哇运回100磅（1磅相当于0.4536公斤）中国茶叶。结合着凯瑟琳的嗜好，以及诗人一年后即

十九世纪初绘画，表现的是荷兰商人在中国检验茶叶

写出的赞美诗看，这一说法更可靠。以一位嗜茶者的饮量以及她推动的宫廷时尚而论，2 磅茶，不足 2 斤的进口量，如何能够满足需求?

至少目前，尚没有直接材料证明凯瑟琳皇后所好是红茶还是绿茶。直到 1715 年，红茶、绿茶才有分别并被记载。中国学者仲伟民在其所著《茶叶与鸦片：十九世纪经济全球化中的中国》里考证：以这一年为界，此前供应英国的几乎全是武夷茶，价格很贵，平民消费不起。之后，低价绿茶在英国市场出现，因此茶叶消费迅速增加，很快成为全民性饮料。

按此间接证据，凯瑟琳所好当为红茶。这种推测，仍显粗疏，还需细细思量。

简单地看，饮茶在英国宫廷成为时尚之时，在当时的中国，茶业也正处于转折之际。纵观中国历史，汉代以来，“盐铁”系政府专卖；而唐宋，则由“盐茶”取而代之。

所谓“茶马”贸易，即以茶易马——对于中原主政者，“彼得茶而怀向顺，我得马而壮军威”。茶当然是国家战略物资，必须由国家专营。只是到了清朝，前朝的边境已成为清朝的内地，曾经的化外之地已为本朝的疆土，因而清朝完全有条件组织有计划地养马，没有必要通过茶马贸易来获取马匹了。1668 年，康熙裁去茶马御史——此后，茶在中国，由国家专营变为自由贸易。中国茶业，格局遂变。

自唐兴以来，制茶技艺真正的革命性变化，发生于明朝初年。经明一朝，散茶尤其是绿茶及其制作技艺日益成熟，传承至今。清康熙年间取消国家专营，自由贸易之下的中国饮客饮茶，当然以散茶为主。

只是，茶马贸易的国家专营制度虽已取消，但边疆贸易不衰且更盛——嘉庆年间的《四川通志》记载：乾隆年间，每年远销康藏地区的边茶达 1230 万斤，而嘉庆年间则上升到 1416.8 万斤。此间，晋商亦将茶叶生意做到了俄罗斯，恰克图成为贸易市场。

无论输往俄罗斯的外贸茶，还是进入康藏的边贸茶，没有例外，都属中国茶里的“紧压茶”，一般称黑茶或者砖茶。那么，这是荷兰人或者英国人最初从中国进口的茶叶类型吗?

当然不是。18 世纪初，英国人关于茶的记录里始有红茶、绿茶之别。而往前追溯，罗伊 · 莫克塞姆认定，欧洲最早提到茶，系 1559 年威尼斯出版的《航海与旅行》，波斯人告诉这本书的作者：“Chai catai（中国茶），它们有的是干的，有的是新鲜的，放在水中煮透……这种东西在喝的时候越烫越好，以不超过你的能力为限。”

无论波斯人还是欧洲人，据他们所观察到的中国人的饮茶习惯，认为粗叶制成的“紧压茶”自然不是中国人的所爱。因而，当他们需要将这种“仙草”输入欧洲时，所选自然是中国人日常饮用的绿茶与红茶。

那位将茶叶作为嫁妆的凯瑟琳将茶带进英国后，中国茶从英国开始，与世界有了一种极其奇妙的结合……按统计材料：18 世纪的第一年，英国茶叶的消费量，即使加上走私茶，也不到 10 万磅；而到了该世纪的最后一年，茶叶的消费量达到了 2300 万磅，增长超过 200 倍。这个世纪，正是英国工业化的启动年代。到了 19 世纪末，英国茶叶消费量则又增加到 1.36 亿磅（1879 年）。

最初，中国茶进入英国的时候，其零售价格为每磅大约 3 英镑。当时一位熟练的手工艺人每周的收入一般未超过 1 英镑，而体力劳动者则

十九世纪，福建厦门郊外内河码头上进行的茶叶交易（英国建筑师、插画设计师 Thomas Allom 绘）

只有 40 便士（1 英镑等于 100 便士）。而到了 18 世纪末期，一个典型的英国体力劳动者每星期要购买 2 盎司（1 盎司等于 28 克）的茶叶，加上购买用于加入茶中的食糖，其费用占了家庭收入的 10%。相较之下，对于一般英国家庭，肉的支出占 12%，啤酒占 2.5%。由此可见茶之于英国人的价值。

当然，茶的英国传奇，并非统计数据增长这般顺利。攻击它，曾经也是潮流之一。18 世纪一位颇有名的英国慈善家写道："当普通民众不满足于自己国家的健康食品，而要到最偏远的地区去满足他们邪恶的味觉的时候，那么可以想象，这个民族已经堕落到了何等愚蠢的地步！"只是，很快，这种攻击便烟消云散。

1877 年的伦敦码头，中国工人从货船上搬运茶叶

那位对历史动力有着深刻洞见的新史学开创者布罗代尔认定："任何文明都需要奢侈的食品和一系列带刺激的'兴奋剂'。"——自12世纪与13世纪欧洲人迷恋上香料和胡椒之后，17世纪，中国茶作为影响文明力量的"奢侈品"，开始登场。

印度阿萨姆茶园种植主的后代麦克法兰在其出版的《绿色黄金：茶叶帝国》里，比较茶叶、咖啡与可可这三种世界性饮料后认为，"只有茶叶成功地征服了全世界"。

快帆竞速：如何得到一箱中国茶？

那么，我们回到凯瑟琳作为皇后的那个时代——她如何得到一箱中国茶？

在英国东印度公司被政府解散之前，这家起家于运输远东香料的英国公司，在相当长的时间里垄断着中国茶叶生意。在它的年度运输量里，多数时候茶叶占到80%—90%的份额，偶尔竟能达到100%。但是，将一船中国茶运到英国，并不容易。

东印度公司使用一种极为结实、粗短和笨重，被形容为中世纪古堡与库房的杂交物的船来运送中国茶叶——通常，这种船在1月份离开英国，绕过非洲好望角，然后乘着东南季风航行，在9月份的时候到达中国。那时候，茶叶已经收获，如果运气好，他们可以在12月份满载着茶叶起程回国。回国时，这些船往往沿着迂回曲折的路线航行，一切取决于风向……如果顺利，他们可能会在次年9月份回到英国，一般更可能在 12 月或更晚到达。

这样，整个往返旅程一般需要整整两年时间。而如果他们在中国延误了时间，未能赶上当年的东北季风，就只能等待第二年的季风，要再耗上一年时间，才能回到英国，往返用时则将超过三年。

一年乃至两年前的中国新茶，无论如何，其香气与滋味也将有所损耗。即使如此，从当年英国的茶广告中“几乎可以与最好的进口武夷茶相媲美”的广告语中可以看出，中国“武夷茶”仍是品质象征。

无论是对中国人习惯的观察与模仿，还是自己的味觉感受，英国人当然一如中国人，对新茶有着异乎寻常的迷恋。这种迷恋所诞生的最富戏剧性的故事，则是运茶的快速帆船比赛。

1849 年，美国人制造的快速帆船“东方号”（Oriental），从香港出发，只用了 97 天即到达伦敦，比东印度公司笨拙的船快了 3 倍。伦敦轰动。

运茶快帆竞速赛，又引发了另外一场角逐：下注赌哪艘船更快到达。最高峰时，有 40 艘快帆参加比赛，赌资甚巨。苏伊士运河开通后，这种激荡人心的快帆比赛终告结束。

中国唐朝建立贡茶院，其目的之一，即须清明节前将新茶送到。这一奢侈性爱好传到欧洲，演变出的故事更夸张：新茶至上，不分中外。后来，印度茶取代中国茶供应英国，其品质最高的大吉岭红茶，仍以新茶为上，展开运输的竞争，虽然就品质而言，“第二次绽出的大吉岭茶叶”远胜于“初次绽出的大吉岭茶叶”。

“新茶至上”是中国饮茶者的隐性基因，所谓新茶，绿茶而已。1934 年，中国现代茶业先驱吴觉农先生领导的一份全国性取样调查——

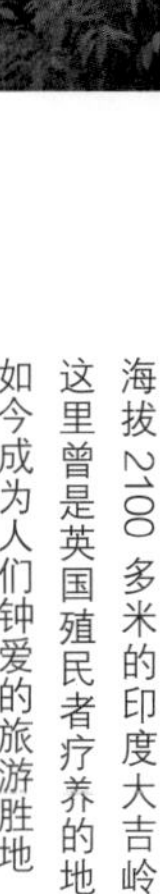

海拔 2100 多米的印度大吉岭镇。这里曾是英国殖民者疗养的地方，如今成为人们钟爱的旅游胜地

涉及当时全国 22 个省份，这份中国茶叶消费的普查性调查表明：中国人消费茶叶的种类，一半以绿茶为主体，一半为红茶。

但如果更仔细地研究这份调查，凡以绿茶为消费主体的，皆为产茶省份。运输之便利与否，是决定选择何种茶叶的重要因素。另外，这份调查提供的数据中，中国人均茶叶年消费量为 1.2 斤，大约相当于同期英国人均年消费量的 1/10。

绿茶与红茶之分别，尤其是饮者的味觉选择与味觉依赖，才是我们真正需要研究并理解奢侈品作为历史动力的核心所在。凯瑟琳皇后那箱茶叶，是红茶还是绿茶，作为一种指代，一个近乎玩笑的好奇，放诸茶的全球性演进格局里，改变了世界甚至是无人意识到的微观的群体性味觉偏好。这正是这种好奇心的价值所在。

味觉偏好：红茶？绿茶？

很简单，再快的快帆，也无法使英国人像中国人一样，在最短时间内品赏到中国一芽一叶的新鲜绿茶。在那个年代，这是定论。这般现实之下，英国人的味觉会有何种选择？

中国学者仲伟民注意到，1715 年对于英国是一个分界线，此后由于中国低价绿茶的进入，英国饮茶人口剧增。而之前的“武夷茶”价格过于昂贵，购买者少——可否由“武夷茶”之名称，来想象并推断之前英国进口的中国茶是红茶呢？由此断论，大谬！

回到英国茶叶消费量暴涨 200 多倍的 18 世纪，研究者注意到的社会事实是：茶叶掺假。这是任何奢侈品在其风靡，并最终导向平民化的过程中，极自然的一个阶段。

当时的掺假方式也很“专业”：最常被用来掺假的叶子是山楂树叶（用来冒充绿茶）和黑刺梨树叶（用来冒充红茶），桦树、白蜡树和接骨木的叶子也曾用来冒充茶叶。当然，用这些叶子泡出来的汤水并不很像茶水，因此就有必要加入各种染色剂。除了方儿茶之外，这些染色剂还包括铜绿、硫酸铁、普鲁士蓝、荷兰粉红、碳酸铜，甚至羊粪。

在以上这些染料中，羊粪很可能是危害最小的一种。《茶——嗜好、开拓与帝国》一书这样回顾这段历史：“可以肯定的是，茶叶掺假的规模是很大的，因为它促使议会通过了禁止性的法律。”

掺假始自何时？那条广泛而深入人心的英国茶广告，“几乎可以与最好的进口武夷茶相媲美”——实则为掺假茶的广告。这是在 1710 年。

至少，这一年份之前，红茶，绿茶，英国皆有，很难说当时英国人已经完成了自己群体性味觉偏好的形成。

制造假茶，当然不只英国人这么干。当年被英国东印度公司派往中国的植物学家罗伯特·福琼记录了他在中国看到的绿茶“上色”过程：在炒茶的最后一个环节将这种染色剂撒到茶叶上。在茶叶出锅前5分钟，即燃烧一炷香的时间内，监工用一个小瓷调羹把染色剂撒在每口锅里的茶叶上。炒工用双手快速翻动茶叶，以便均匀染色。

与更恶劣的将山楂树叶冒充绿茶不同，中国茶农只是将绿茶变得更绿而已。这背后的动力是：英国人认为绿茶越绿越好。受制于这种对绿色色泽的偏好，日本人在采茶前3周即用草席将茶树罩住，以增加幼芽的叶绿素。只是，这种由需求方决定供应者，并导致供给方造假的行为，已离英国造假时期过去了100多年。这时，供求双方的权力关系，已经逆转。

罗伯特·福琼在中国更有价值的发现是：原来红茶与绿茶并非不同的茶树种分别制成，而是一样的茶树，不同的工艺而已。而此前，英国人以及欧洲人一直固执地认为红茶与绿茶的茶树迥然有别。1848—1851年，福琼在中国待了三年。由他的描述看，至少这时候，绿茶仍是出口英国的商品种类之一。据说，当年的福琼，“留了一条辫子，一旦离开上海之后，就将其头上其他部位的头发剃光，穿上中国衣服……他往印度送回两万种（中国茶树）样本，并将这些样本用4条不同的船运送，以确保至少有一些能够安全到达”。这是茶叶涉及国家安全与国家战略的另一个话题了。

虽然没有明确的记录，而且早期中国茶进入欧洲，欧洲人也无能力分辨红茶与绿茶，一般论著认为，这时候中国出口到欧洲的绿茶更多。所以，凯瑟琳的那箱茶，估计是绿茶的可能性更大。到 18 世纪，英国人茶叶消费量大涨 200 倍的 100 年时间里，英国人对茶叶香气与滋味的偏好形成与依赖，逐渐完成。

味觉偏好的形成，当然不可以单纯以感觉系统为解释单元，它是种种社会条件的集合。绿茶既已失去品尝其鲜美的时机，而且造假者甚众，那么反过来它作用于饮者的味觉选择——英国人的选择其实也有限，其结果，自然与中国人偏好绿茶之传统路分两道了。

大约到了 18 世纪末，绿茶在英国虽然仍受欢迎，但红茶的销量已经超过绿茶。有统计表明：1783 年英国获得茶叶销售资格的茶商，其销售的茶叶中有 2/3 是红茶，1/3 是绿茶。

那么，红茶导致了什么样的味觉依赖呢？

在比较了多数解释后，罗伊 · 莫克塞姆的描述仍最周正：随着红茶的日益流行，人们又开始养成了在茶中加入牛奶的习惯，这种做法开始于 17 世纪。塞维涅侯爵夫人是较早采用这种方法的法国人，18 世纪这种做法得到普及。英国人从一开始就养成了在茶中加糖的习惯。在印度，糖在好几百年前就得到了普遍使用，因此印度人的茶是加糖的。由于茶叶最初是经由印度西部的苏拉特港从中国进口到英国的，因此很可能是印度人的饮茶方式对英国船员产生了影响，而后者又对国内的英国人产生了影响。18 世纪茶叶消费量剧增导致在同一时期食糖消费量的剧增，茶叶与食糖之间的关系是如此紧密，以至于在 18 世纪食糖的消费量被用来计算茶叶的总消费量。

以茶为本的中国茶传统，经此演变而成英国的加糖与加奶的红茶故事，或者只是说明了中国茶叶的包容性？有容乃大，自是当然。但是，在那个时候——英国人茶消费猛增的一个世纪，从权力关系的角度观察，供求双方并不平等。需求方英国对中国茶有如此巨量的消费，而供给方中国却对英国一无所求，生产方当然是决定彼此关系的重点。由此导致英国人的红茶的味觉依赖，自无意外。

只是，后来中英两国在世界范围内的权力发生逆转，已经成型的红茶味觉依赖，加之红茶的这种可添加多种辅料的兼容性性格，当英国资本主义全球性扩张，红茶，尤其是这种味觉偏好，遂从英国出发再度走向世界。茶征服世界，基础在此。

味觉系统的形成与依赖，极其微观不足为道的群体性偏好，它影响世界的方式，如果失去深入的观察，将难以理解。比如立顿袋装碎茶，在中国，居然曾成为品质象征。没有前述种种事实的分析，是无法解释的。

全球化：茶征服世界

当然，在中国茶出口英国之际，俄罗斯也成为中国砖茶最大用户，而美国人则选择了绿茶。红茶—英国、黑茶—俄罗斯、绿茶—美国，构成了中国茶的世界性出口路向与种类。

只是，俄国人早期扩张能力远逊于英国，不足以将自己的味觉偏好全球化；而美国，在其国力超过英国，成为实际上全球第一的 20 世纪 30 年代，其国民对茶的兴趣却大幅萎缩——其年均每人的茶消费量仅为 0.74 磅，不足英国人的 1/10。因而，美国趣味，传播度亦有限。

而且，即使在俄国、美国与英国争夺中国茶叶最剧烈的 19 世纪，英国也独占全世界茶叶输出量的 50%，它所拥有的权力，非俄国与美国可比拟。

如此一路演变，在国力与资本的助力下，英国人开始向其他国家传播自己的茶感觉与茶标准，成为中国茶系统之外的另一种序列。当然，它也同样反作用于中国，红茶在中国的兴与盛，仔细辨识各类资料，贸易导向当是最重要因素。

整个 18 世纪的 100 年时间，英国人的茶叶消费量大涨 200 倍，这个时候，对于这个国家来说，真实的问题是：英国人未来有没有足够的银子从中国购买茶叶？所谓茶征服世界，是茶这种饮品的传奇而已，但回到国家的关系角度，英国政府如何处理国民的这种群体性趣味偏好？

由茶出发，我们又回到历史演进的一般描述：英国为了换回国内急需的茶叶，一方面想方设法从美洲弄到白银，另一方面又庆幸在印度找到了引起中国人购买欲望的鸦片。于是，全世界因为茶叶、白银和鸦片而连接在一起了。奢侈品作为一种动力系统而存在，由此推动历史。这段历史，是我们基本了解与熟悉的了。

只不过，过去我们谈论对中国有决定性意义的鸦片战争，相对集中于鸦片之于中国的影响，忽视了其中的茶叶之于英国的重要性。那场战争，以及中国被动地进入全球化，茶，才是更隐匿的线索。

我们仍然回到茶本身。17 世纪中期，康熙帝取消茶马御史，由此茶作为中国传统的换取战马的国家战略物资，地位下降，自由贸易兴起。这个时期，茶开始进入英国；而到了 18 世纪中后期，中国其他商品，比如生丝和土布等曾经占有一定优势的物产，此时已完全无足轻重，茶成为最重要的出口英国的产品。

茶，由此成为英国的国家战略物资——英国国会法令限定公司必须保持一年供应量的存货。茶这种国家战略物资的中英移位，中国官员自有见解，1809 年，先后任两广与两江总督的百龄在上奏中如此描述："茶叶、大黄二种，尤为该国（英国）日用所必需，非此则必生病，一经断绝，不但该国每年缺少余息，日渐穷乏，并可制其死命。"

对茶叶的需求如此广泛，而且又全部进口于中国，百龄的描述固然天真，但其危险当然真实——如果中国断然停止向英国供茶，"制其死命"固然夸张，英国将乱当无意外。

那位第一个了解红茶与绿茶可由同一片鲜叶经不同工艺制成的英国人罗伯特·福琼，从中国往印度运送两万种中国茶树样本，即这种隐忧下的选择。在印度阿萨姆茶园，英国人苦心经营，1836 年终于生产出少量样品……52 年后，印度出口英国的茶叶首次超过中国；至此，中国茶，无论销量还是价格都一路陡降。稍后，日本又取代中国成为美国最大的绿茶进口国。这一转折，稍有例外之处是，同一时期，中国自产鸦片产量全部替代从印度进口的鸦片数量。当然，这并不是什么好消息。茶道虽小，它影响世界与国家的力量不弱。

一片小小的鲜叶，无论炒青作绿茶，还是萎凋成红茶，漂洋过海，

千回百转，最终成就的历史，远远大于想象。

* 本文作者李鸿谷，《三联生活周刊》主编。

茶事：习习清风话茶事

茶經卷上

竟陵陸羽撰

一之源　二之具　三之造

一之源

茶者南方之嘉木也一尺二尺迺至數十尺其巴山峽川有兩人合抱者伐而掇之其樹如瓜蘆葉如梔子花如白薔薇實如栟櫚葉如丁香根如胡桃瓜蘆木出廣州似茶至苦澀栟櫚蒲葵之屬其子似茶胡桃與茶根皆下孕兆至瓦礫苗木上抽其字或從草或從木或草木幷從草當作茶其字出開元文字音義從木當作𣘻其字出本草草木幷作荼其字出爾雅其名一曰茶二曰檟三曰蔎四曰茗五曰荈周公云檟苦茶楊執戟云蜀西南人謂茶曰蔎郭弘農云早取為茶晚取為茗或一曰荈耳其地上者生爛石中者生櫟壤下者生黃土凡藝

寓己于茶：宋之六茶事

茶兴于唐而盛于宋，宋代是中国茶业与茶文化史上一个极为重要的历史时期，在中国茶文化史中起着承上启下的作用，并且对日本茶道的形成有着深切的影响。

茶叶

宋代的茶都是蒸青茶，从外形上说，分为饼茶和散茶两大类。饼茶又分为两类：一种经过“研膏”后再在棬模中压制成饼，主要在建州和南剑州（都位于武夷山东南面）两地制造；一种直接以叶形茶压制成饼，散茶即叶形茶。在饼茶和散茶中各有名品，特别以北苑贡茶龙团凤饼最负盛名，成为迄今为止上品茶中无可超越的典范。

茶圣陆羽于760年左右撰成《茶经》，唐中期以来直至五代，南唐、吴越的经济与茶文化持续发展，至北宋初年，茶文化表现出较为繁荣的态势。这在陶谷《清异录 · 茗荈》中有着多姿多彩的记载，如当时名茶有顾渚的“龙坡山子茶”，蒙顶的“圣杨花”“吉祥蕊”，建州的“缕金耐重儿”“玉蝉膏”“清风使”等；如茶的别称戏称“清人树”“水豹囊”“森伯”“不夜侯”“鸡苏佛”“橄榄仙”“冷面草”“晚甘侯”“苦口师”等；善烹茶者称为“乳妖”；溺茗事者称为“甘草癖”；茶艺又称“水丹青”“茶百戏”“漏影春”等。五代时期历经五个朝代的和凝，在朝为官时与同僚每日饮茶，号称“汤社”。

太平兴国二年（977），刚登基不久的宋太宗颁下诏令，派专使到建州北苑制造帝王专属的龙凤团茶，用刻有龙、凤图案的棬模专门制造贡茶。

宋太宗对贡茶高度重视，并且通过对福建地方政府机构的特别设置，保障贡茶制度的执行无误。宋代地方政府的最高一级机构为路，路分帅司路和漕司路，《宋史·地理志》中所列之路系漕司路即转运使路，首列之州府即为漕司所在。但福建路转运司却设于位列第二的建州，而不在首列之福州。这种例外与建州北苑贡茶密切相关，因为福建漕司的首要任务，就是掌管贡茶之事。

自丁谓开始的多任福建路转运使，大大超额完成了这项制度所要求的职责。他们在恪尽职守完成基本的贡茶任务之外，精益求精、添创加码，更以超乎想象的热情，为北苑茶著书立说，鼓吹宣扬北苑茶，使宋代茶文化成为茶文化史上精致、繁盛的典范。

宋代饼茶生产主要有四至六道工序：采茶（拣茶）、蒸茶（研茶）、造茶、焙茶。需要六道工序的，是以上品北苑茶为代表的建、剑二州的饼茶，以下即以建茶为例。

北苑茶的采摘时间很早，因为主持贡茶的地方官员竞相争宠贡新，“人情好先务取胜，百物贵早相矜夸”，致使每年首批进贡新茶的时间越来越早。北苑茶开采的时间常在惊蛰（3月5日）前三日，从唐五代时的清明之前提前到了社日之前，“浃日乃成，飞骑疾驰，不出中春（春分，3月20日前后），已至京师，号为头纲”。

宋人对采茶条件的要求极高。首先是对时令气候的要求，即“阴不至于冻、晴不至于暄”的初春“薄寒气候”，其次是对采茶当日时刻的要求，一定要在日出之前的清晨：“采茶之法须是侵晨，不可见日。晨则夜露未晞，茶芽肥润；见日则为阳气所薄，使芽之膏腴内耗，至受水而不鲜明。”最后是“凡断芽必以甲，不以指”，因为“以甲则速断不柔（揉），以指则多温易损”，又“虑汗气熏渍，茶不鲜洁”，即不要让茶叶在采摘过程中受到物理损害和汗渍污染，以保持其鲜洁度。

拣茶，即对摘下的鲜叶进行分拣，主要是要择出对造茶之色味有损害的白合、乌蒂及盗叶，到南宋中期，又需要拣择掉紫色的茶叶。所谓白合，是“一鹰爪之芽，有两小叶抱而生者”；盗叶乃“断条叶之抱生而白者”；乌蒂则是“茶之蒂头”，“既撷则有乌蒂”。白合、盗叶会使茶汤味道涩淡，乌蒂、紫叶则会损害茶汤的颜色。

拣茶的工序，最后发展成为对用以制造茶饼的茶叶原料品质的等级区分。最高等级的茶叶原料称“斗品”“亚斗”，是茶芽细小如雀舌谷粒者，又一说是指白茶。白茶天然生成，因其之白与斗茶以白色为上的观念恰巧吻合，加上白茶树绝少，故在徽宗时及其后被奉为最上品。其次为经过拣择的茶叶，号“拣芽”，再次为一般茶叶，称“茶芽”。随着贡茶制作的日益精致，“拣芽”之内又分三品，倒而叙之依次为：中芽、小芽、水芽。中芽是已长成一旗一枪的芽叶；小芽指细小得像鹰爪一样的芽叶；水芽则是剔取小芽中心的一线细芽，“将已拣熟芽再剔去，只取其心一缕，用珍器贮清泉渍之，光明莹洁，若银线然”。从此，茶叶原料的等级又决定了所制成的茶饼的等级，而水芽则成为茶叶原料之细嫩度不可逾越的巅峰。

拣过的茶叶再三洗濯干净之后，就进行蒸茶。宋人特别讲究蒸茶的火候，既不能蒸不熟，也不能蒸得太熟，因为不熟与过熟都会影响点试时茶汤的颜色。

研茶工序，是将叶状茶叶经过加水研磨反复加工变成粉末状，所以称之为“研膏”。加水，研磨至水干，称为“一水”，然后再加水，再研磨至干。因为对于宋茶来说，茶末越细，品质就越高，点试时效果就越好，所以宋代北苑官焙，研茶要求极高，其所费的工时，是制成茶叶品质的重要参数之一。贡茶第一纲“龙团胜雪”与白茶的研茶工序都是“十六水”，其余各纲次贡茶的研茶工序都是“十二水”。

造茶，即将研好的茶粉入棬模制造茶饼，棬模有以铜、竹、银制者，棬模的样式比较丰富多样，有圆、有方、有花，贡茶所用大多数棬模都刻有龙凤图案。

焙茶，又称“过黄”，宋人焙茶非常注重所用焙火的材料与火候，认为焙茶最好是用炭火，因其火力通彻，又无火焰，而没有火焰就不会有烟，更不会因烟气而侵损茶味。此外，北苑贡茶的焙茶工序亦极讲究工时，因为“焙数则首面干而香减，失焙则杂色剥而味散”。只是焙火之数不像研茶水数一样与成品茶的品质成正比，因为焙火数的多寡，要看茶饼自身的厚薄，茶饼“銙之厚者，有十火至于十五火；銙之薄者，亦八火至于六火”，待焙火之“火数既足，然后过汤上出色。出色之后，当置之密室，急以扇扇之，则色泽自然光莹矣”。

由以上可以看到，宋代上品茶的加工，人、财、物力投入巨大，其工艺的附加值比较大，这些都在宋代上品茶的观念中留下了深深的烙印。而以北苑茶为首的建茶的一些主要特点，成为此后中国茶业、茶文化的基本原则。首先是采摘时间，越早越好；其次是采摘芽叶，越嫩越好。这些到后来发展成为通过采摘时间和原料等级来确定茶叶成品的等级。

建茶的另一个特色，是基于地理环境与茶树品种差异的成品茶差异化。地理环境的差异造成茶叶品质的差异，正如宋子安在其《东溪试茶录》中所言："北苑西距建安之洄溪二十里而近，东至东宫百里而遥。过洄溪，逾东宫，则仅能成饼耳。独北苑连属诸山者最胜。北苑前枕溪流，北涉数里，茶皆气弇然，色浊，味尤薄恶，况其远者乎？亦犹橘过淮为枳也。"

而茶树品种的差异同样非常大，宋子安记建安茶树品种有七种：白叶茶、柑叶茶、早茶、细叶茶、稽茶、晚茶、丛茶（亦曰蘗茶）。茶树品种的差异与地理环境的差异相互作用，"茶于草木，为灵最矣。去亩步之间，别移其性"，更增加了茶树品种与制成茶叶的细微差异。

茶树原料的差异性，使得在某个茶品因为赏赐而日益大众化之后，便通过改制新品来保证上品茶的小众性，形成宋代贡茶"新品—大众化—更新品"的模式，使得宋代新品贡茶看起来总在无休止地出现。

太平兴国二年（977），北苑开始贡大龙、大凤茶，斤八饼，贡五十余斤。仁宗庆历（1041—1048）末蔡襄漕闽，创制小龙、小凤茶，斤十饼，年贡十斤。神宗元丰年间（1078—1085），有旨造密云龙，斤二十饼。哲宗绍圣年间（1094—1098）改密云龙为瑞云翔龙，并添造上品拣芽。徽宗年间，因为帝王的喜好，以及享乐观念的盛行，北苑贡茶之品骤增。大观年间（1107—1110），造贡新銙、御苑玉芽、万寿龙芽、寸金4种新茶，政和年间（1111—1118）添造试新銙、白茶、瑞云翔龙、太平嘉瑞4种，宣和四年（1122）之前又添造龙团胜雪等20种。

经过反复地新添和废罢，到南宋末年，北苑贡茶共有41品，分成12纲进贡。其中细色茶5纲，计36品：龙焙贡新、龙焙试新、龙团胜雪、白茶、御苑玉芽、万寿龙芽、上林第一、乙夜清供、承平雅玩、龙凤英华、玉除清赏、启沃承恩、雪英、云叶、蜀葵、金钱、玉华、寸金、无比寿芽、万春银叶、宜年宝玉、玉庆清云、无疆寿龙、玉叶长春、瑞云翔龙、长寿玉圭、兴国岩銙、香口焙銙、上品拣芽、新收拣芽、太平嘉瑞、龙苑报春、南山应瑞、兴国岩拣芽、兴国岩小龙、兴国岩小凤，总贡约7000片，约350斤。粗色茶7纲，计5品：拣芽、小龙、小凤、大龙、大凤，总贡约4万饼，约5300斤，细粗两色贡茶，总计不到6000斤。

宋代贡茶的使用，首先是供给帝王御食，其次是赐给宰相、亲王、公主，以及其他皇族成员和高级官员。宋代贡茶按质地、銙式、纲次不同而有高下品第，在官僚系统等级森严的宋代封建社会，对大臣的贡茶之赐也经常要按受赐者的官位高下，赐给等第不同的茶叶。

按照地位高低赐茶的习惯性制度，也是从宋太宗“规模龙凤”之后开始的，其为龙凤茶“规取像类，以别庶饮”本身就使得各种銙式的茶叶自然而然地显示出等级高下之分。所以从太宗朝开始，“龙茶以供乘舆，及赐执政、亲王、长主，余皇族、学士、将帅皆得凤茶，舍人、近臣赐京铤、的乳，而白乳赐馆阁”。由于上品贡茶的量少，赐给大臣的茶亦很少。以小龙团茶为例，小龙团茶正式入贡后，岁造30斤，斤十饼，因为举行南郊大礼赐给宰相等大臣，四人分赐一饼，可见其少。“两府八家分割以归，不敢碾试，但家藏以为宝。时有佳客，出而传玩尔。”受赐之臣无不如获至宝，倍感恩渥荣宠。“啜之始觉君恩重，休作寻常一等夸”“爱惜不尝惟恐尽，除将供养白头亲”。

随着赐茶量的逐渐增大，一则既有上品贡茶不敷支用，二则其“物以稀为贵”的价值降低，因而继任的神宗皇帝便下诏建州造密云龙茶，且终其在位时间，都未用来赐给大臣。哲宗以后，宋代贡茶“新品—大众化—更新品”模式成型，并与建州地理环境与茶树品种差异的条件相辅相成，循环发展。这种茶品发展模式影响深远，直至当下中国，茶叶新品层出不穷，仍在其影响之中。

在中古农耕社会，农业及手工产品声名的获得，首位的路径当然是成为贡品，茶叶自不例外。官茶园的贡茶，使其他地区作为一般土贡的茶叶地位下降。建州北苑官焙贡茶，相较于前朝唐代湖州顾渚贡茶院贡茶，影响更广大，更深远，是因为宋代众多的文人士大夫为北苑茶撰写茶书，写诗赋词，大肆宣扬。

北苑茶书之撰始自太宗时任福建路转运使的丁谓，他在督造贡茶的使职之外，撰写《北苑茶录》。创制小龙团茶的蔡襄，因为仁宗皇帝的嘉许和当面询问，而写成《茶录》二篇，进呈仁宗。

风气既开，此后福建路转运使、建安知州、北苑茶官等任上的官员，多有相继为北苑贡茶撰书立说者。宋代文人为建茶、北苑茶写书撰文的热情一直持续不衰，直至南宋后期，宋代传世及可考的茶书共有 30 部，其中有关北苑贡茶的就有 16 部，占了其中的一半多，它们是：丁谓《北苑茶录》、蔡襄《茶录》、宋子安《东溪试茶录》、黄儒《品茶要录》、赵佶《大观茶论》、熊蕃《宣和北苑贡茶录》、赵汝砺《北苑别录》、周绛《补茶经》、刘异《北苑拾遗》、吕惠卿《建安茶用记》、曾伉《茶苑总录》、佚名《北苑煎茶法》、章炳文《壑源茶录》、罗大经《建茶论》、范逵《龙焙美成茶录》、佚名《北苑修贡记》。如此众多的茶书专门叙述一个地方的茶叶生产制作与点试技艺，这在茶文化史上绝无仅有。它们使得北苑茶名扬天下，以北苑茶为代表的上品茶的观念深入人心，从此经久不衰。

至于散茶，即宋代称为草茶或江茶的叶形茶叶，名人的品题推介则是其获得声名的唯一途径。如天台僧梵才使天台茶名扬京城，欧阳修对于日注茶、宝云茶、双井茶的品评，黄庭坚对于家乡双井茶不遗余力地反复推介等，使这些茶成为宋代草茶名品。文人或名人的品题推介，是中国古代名茶的基本形成机制。此外，被当作地方名产，也一直是一些茶叶得以成名的机制。这些机制直到工业现代化后的今天都没有改变。

器具

末茶点饮法是宋代主导的饮茶方式，宋代文人使用并推介多种宜于点茶法的器具，同时在实际生活中使用多种特质的茶具，促进了茶具的专门化与多样化，并为中国茶具史留下了独特的审美情趣。

蔡襄《茶录》下篇论茶器具，分茶焙、茶笼、砧椎、茶铃、茶碾、茶罗、茶盏、茶匙、汤瓶九条，讲述宜于点茶法的专门器具九种，从点茶法的角度论述了一应的器具，以及其对于茶叶保藏和对最终点试茶汤

（北宋）影青刻花注子注碗

效果的作用与影响。相较《茶经·四之器》中的二十器而言，大为简略，这是因为宋人对于茶饮更为注重感官的品味感受和审美体验，因而更注重与这些感受密切相关的器具，对于辅助性和过程性用具的关注明显减少。

宋人所重视的茶具，绝大多数都集中在茶饮茶艺活动的三个基本要素——茶叶、用水及点茶方面，如茶叶的保藏、烤炙、碾、罗用具，煮水的汤瓶，以及点茶的茶匙/茶筅、茶盏，表明宋代茶艺用具的特性与两宋社会的闲雅之风有高度一致性。

陆羽《茶经》论宜用茶碗之釉色，以青瓷为上，以“越瓷青而茶色绿”，故“青则益茶”，青瓷能够映衬绿色茶汤，有中庸和谐之美。宋代上品茶点成后的茶汤之色尚白，青瓷、白瓷对其色都缺乏映衬功能，只有深色的瓷碗才能做到，深色釉的瓷器品种有褐、黑、紫等多种，因为蔡襄在《茶录》中断言：“茶色白，宜黑盏，建安所造者绀黑，纹如兔毫……最为要用。出他处者，或薄或色紫，皆不及也。其青白盏，斗试家自不用。”

宋徽宗在《大观茶论》中进一步明确取用黑釉盏是因其能映衬茶色：“盏色贵青黑，玉毫条达者为上，取其燠发茶采色也。”从此取用黑釉茶盏成为宋代点茶茶艺中的定式。深重釉色的碗壁，映衬着白色的茶汤，这种有强烈反差对比的审美情趣在中国古代实不多见。而在烧制过程中，盏面形成的兔毫、油滴、玳瑁、鹧鸪、曜变等釉斑纹饰，则又使得原本深重的釉色有了灵动之感。如蔡襄所收藏的十枚兔毫盏，“兔毫四散，

曜变建盏（油滴天目），藏于日本大阪美秀美术馆

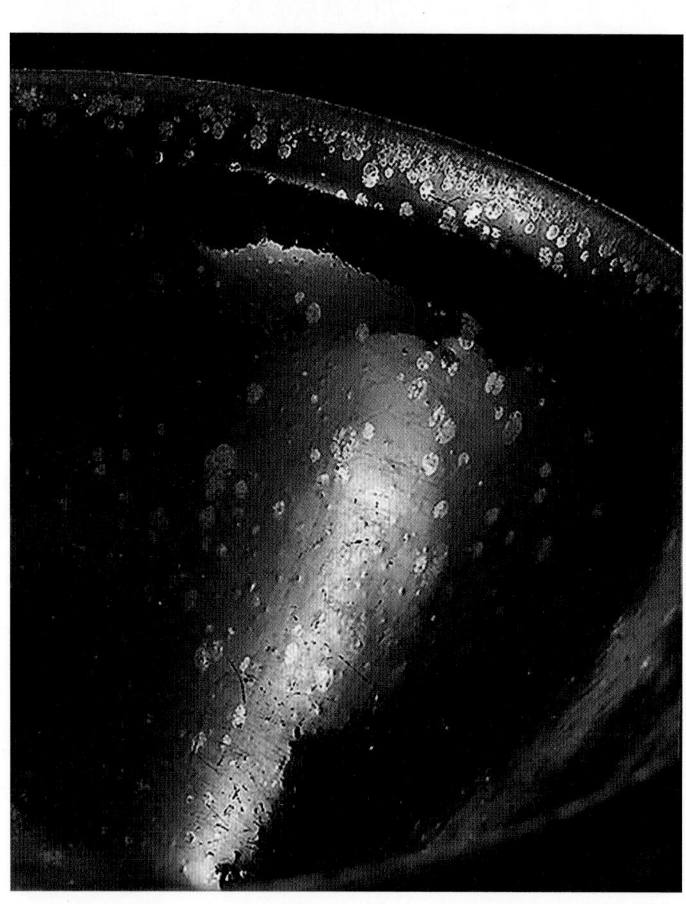

油滴天目细节

其中凝然作双蛱蝶状，熟视若舞动，每宝惜之”。

值得注意的是，传世或出土的宋代茶具，官、哥、汝、定、钧诸大窑口的茶盏，都有与之质地相同及在形制、釉色、尺寸等与碗、盏极为匹配一致的盏托，唯独建窑兔毫盏、油滴碗等没有。

这种独特的现象，大概可以有如下两种解释：一是建窑盏坯都较厚，直接端拿也不烫手；二是兔毫盏之类的建盏用的不是瓷制的盏托，而是像《茶具图赞》中的“漆雕秘阁”一样，用的是雕漆木盏托。后一种盏与托异质的情况，在中国茶具史中殊为少见，因此在以陶瓷为主的茶具大家庭中，吹进了一股清新特别之风。

茶筅是宋代点茶法独具的首用茶具，大约在北宋中期时取代茶匙，成为点茶的专门用具。茶筅的形状与茶匙不同，它的出现，是对点茶用具的根本性变革，因为茶匙是匙勺状，有一定的面积，为了获得较好的点茶效果，就要求“茶匙要重，击拂有力”；茶筅形状类似于细长的竹刷子，“茶筅以箸竹老者为之，身欲厚重，筅欲疏劲，本欲壮而末必眇，当如剑脊之状。盖身厚重，则操之有力而易于运用。筅疏劲如剑脊，则击拂虽过而浮沫不生”。

因为用老竹制作，茶筅筅身根粗厚重，筅刷部分是细梢剖开的众多竹条，这种结构，可以在以前茶匙击拂茶汤的同时对茶汤进行梳弄，使点茶的进程较易受点茶者控制，也使点茶效果较能如点茶者的意愿（茶筅传到日本以后，在日本茶道宗师及手工艺人那里逐步改进，现在人们看到的日本抹茶道所用茶筅，更为细致和艺术化）。

茶瓶也是宋代点茶法的一种专用茶具，是用于盛水而煮的器物，从

（南宋）佚名，《斗浆图》，藏于黑龙江省博物馆，此图真实地再现了宋代普通百姓在街市斗茶的场景

（北宋）青白瓷茶瓶，藏于东京国立博物馆

现存的出土实物及绘画资料来看，宋代汤瓶大都是大腹小口，执与流都在瓶腹的肩部，流一般呈弓形或弧形，略有弯曲。

宋代汤瓶在水铫（有以石、铜制者）、茶铛、石鼎（又称茶鼎）等多种煮水器中为茶人们所取用，是因为它对点茶法效果的适宜。蔡襄与徽宗都对汤瓶质地与形制有较为明确的要求。蔡襄《茶录》下篇“汤瓶”条说：“瓶要小者，易候汤，又点茶、注汤有准。黄金为上，人间以银铁或瓷石为之。”

徽宗《大观茶论·瓶》则对瓶的形制与注汤点茶的关系做了进一步的阐述：“瓶宜金银，小大之制，惟所裁给。注汤害利，独瓶之口嘴而已。嘴之口差大而宛直，则注汤力紧而不散。嘴之末欲圆小而峻削，则用汤有节而不滴沥。盖汤力紧则发速有节，不滴沥，则茶面不破。”

在蔡襄、赵佶等茶艺大师认可推荐的茶具之外，宋人还使用多种多样的程式茶具，如苏轼很喜欢建州所产的茶臼，专札向陈季常借来观摩，好托人至建州按图索骥去购买一副；黄庭坚喜欢椰壳做的茶瓶，并以之送人，可谓别具情致；文彦博、邵雍等人的诗文中记有石制茶具；此外还有茶灶，石铫，茶磨，茶匕，端石茶合，首山黄铜小铛，雷州铁制茶碾、茶瓯、汤匮，长沙金银制作的整套茶具等，可见宋代茶具发展的多样性。

水火

宋代茶叶用水，分为两个部分，一是造茶用水，二是饮茶用水。

建州茶叶需要注水研膏，水的品质高低也被看作茶叶品质高低的一个重要条件，不过，宋人也看到了事物之间相须相成的道理，“天下之理，未有不相须而成者，有北苑之芽，而后有龙井之水……亦犹锦之于蜀江，胶之于阿井”。各地著名的土产，都是以其独特的地理环境为依托的。

建茶之外，宋代茶文化中与水相关的，与一般所论相同，即与饮茶相关的用水。点茶用水，包括选水和煮水两方面。

关于选水，宋人点茶讲究水质，认为水对于茶饮的作用甚大。叶清臣认为，如果所用的水不好，“泉不香，水不甘”，再好的茶，也会“若淤若滓”。

但宋人不如唐人之苛求，唐人品第天下诸水，言水必称中泠、谷帘、惠山，以至有李德裕千里运惠山泉的故事。除宋廷曾专门征调惠山泉水用于点茶外，宋人用水，一般不苛求名声，但论以水质，以“清轻甘洁为美”，要以就近方便取用，首取“山泉之清洁者，其次则井水之常汲者为可用”，苏轼则认为只要是清洁流动的活水即可。

唐庚亦同论，“水不问江井，要之贵活”。但是在特定的场合，水之于点试茶汤效果的重要性也不可忽视，蔡襄尝与苏舜元斗茶，蔡茶优，用惠山泉水，苏茶劣，用竹沥水，结果是苏舜元的茶汤因为水好而取胜。

关于烧水，也就是把握烧水的火候以及水烧开的程度。蔡襄认为，“候汤最难，未熟则末浮，过熟则茶沉”，只有掌握汤水的适当火候，才能点出最佳的茶来。但由于宋代水是焖在汤瓶中煮的，看不到，不能像唐人那样通过观看水沸腾时所泛起的气泡的大小来判断水沸腾的程度，所以很难掌握火候。不过宋人判断水沸程度另有其法。

到了南宋，罗大经与其好友李南金将煮汤候火的功夫概括为四个字

“背二涉三”，也就是刚过二沸、略及三沸之时的水点茶最佳。他们的概括是一种依赖于经验的方法，也就是靠倾听烧开水时的响声。

李南金对背二涉三时的水响之声做了形象的比喻：“砌虫唧唧万蝉催，忽有千车捆载来。听得松风并涧水，急呼缥色绿瓷杯。”

而罗大经则认为李南金还略有不足，认为不能用刚离开炉火的水点茶，这样的开水太老，点泡出来的茶会苦，而应该在水瓶离开炉火后稍停一会儿，等瓶中水的沸腾完全停止后再用以点茶，且另写了一首诗补充李南金的说法：“松风桧雨到来初，急引铜瓶离竹炉。待得声闻俱寂后，一瓯春雪胜醍醐。”

因了茶瓶煮水的缘故，在静静的点茶场合，茶人还能静心聆听到松风、涧水的声响，也是因宋代专用汤瓶这一茶具，而给人们带来另一重审美体验。

关于煮水用火，宋人在诸种茶书中并无议论，只有一些诗人在诗文中有提及，最著名者，莫过苏轼的“活水还需活火烹，自临钓石取深清”，“红焙浅瓯新活火，龙团小碾斗晴窗”；陆游另有“寒泉自换菖蒲水，活火闲煎橄榄茶”。从诗句中可知煎水以“活火”为佳，而所谓活火，是“炭火之有焰者”，与陆羽《茶经》主张煎茶烧火“其火用炭”的主张一脉相承。

茶艺

点茶法是宋代的主流茶艺，在此基础上，还有为品鉴茶叶品质高下的斗茶，以及茶艺高手及文人雅玩的分茶。

点茶的第一步是调膏。一般每碗茶的用量是“一钱匕”左右，放入茶碗后先注入少量开水，将其调成极均匀的茶膏，然后一边注入开水一边用茶匙（徽宗以后以用茶筅为主）击拂，蔡襄认为“汤上盏可四分则止”，差不多到碗壁的十分之六处就可以了，徽宗认为要注汤击拂七次，看茶与水调和后的浓度轻、清、重、浊适中方可。（日本抹茶道中，没有调膏这一步，且是一次性放好开水，完成点茶。）

徽宗在《大观茶论》中记述了点茶过程注汤击拂的七个层次：

点茶不一，而调膏继刻……妙于此者，量茶受汤，调如融胶。环注盏畔，勿使侵茶。势不欲猛，先须搅动茶膏，渐加击拂，手轻筅重，指绕腕旋，上下透彻，如酵蘖之起面，疏星皎月，灿然而生，则茶面根本立矣。

第二汤自茶面注之，周回一线，急注急止，茶面不动，击拂既力，色泽渐开，珠玑磊落。

三汤多寡如前，击拂渐贵轻匀，周环旋复，表里洞彻，粟文蟹眼，泛结杂起，茶之色十已得其六七。

四汤尚啬，筅欲转稍宽而勿速，其真精华彩，既已焕然，轻云渐生。

五汤乃可稍纵，筅欲轻匀而透达，如发立未尽，则击以作之。发立已过，则拂以敛之，结浚霭，结凝雪，茶色尽矣。

六汤以观立作，乳点勃然，则以筅著居，缓绕拂动而已。

七汤以分轻清重浊，相稀稠得中，可欲则止。乳雾汹涌，溢盏而起，周回凝而不动，谓之咬盏，宜均其轻清浮合者饮之。《桐君录》曰“茗有饽，饮之宜人”，虽多不为过也。

一个很短暂的点茶过程，被细致分析成七个步骤，每一步骤更为短暂，但点茶人却能从中得到不同层次的感官体验，从中人们可以看到，点茶时茶人极致的感官体验和艺术审美。

宋代茶叶品名的众多，使斗茶之风遍及社会诸阶层。一是茶叶生产制造者之间的斗茶，“北苑将期献天子，林下雄豪先斗美”。二是卖茶者之间的竞卖斗茶，刘松年《茗园赌市图》《斗茶图》等几幅风俗茶画，对此有生动的描绘。三是作为文人雅玩的斗茶、茗战，如唐庚《斗茶记》所记者。

斗茶是在点茶的基础上，加上竞胜的目的。点茶的最佳效果，如上徽宗所述，是要使击拂出的茶沫“乳雾汹涌，溢盏而起，周回凝而不动，谓之咬盏”，梅尧臣诗句曰“烹新斗硬要咬盏”，评判的标准是“斗色斗浮”“水脚一线争谁先”，既要看茶汤的颜色，以纯白为胜，青白、灰白、黄白依而次，又要看咬盏的茶沫消退的迟速，茶沫先消退并在深色盏壁上现出水痕者为负，耐久者为胜。

分茶则是要在注汤过程中，用茶匙 / 茶筅击拂拨弄，使激发在茶汤表面的茶沫幻化成各种文字的形状，以及山水、草木、花鸟、虫鱼等各种图案，纯属茶人雅玩，如陆游的诗句，“晴窗细乳戏分茶”。

茶会

宋代开始有了“柴米油盐酱醋茶”的说法，表明居常饮茶是宋代社会的一种生活方式。苏轼诗句“不用撑肠拄腹文字五千卷，但愿一瓯常及睡足日高时”，可谓文人日常茶生活的生动写照。

宋人居家饮茶，自有其清雅高韵者，从《张约斋赏心乐事》中可以看到，其三月在“经寮斗新茶”，十一月在“绘幅楼削雪煎茶”，都是分时节在专门的建筑中展开不同的茶事活动。所以，宋代虽未出现专门用于饮茶的茶寮、茶室，但已经有后世专门茶寮的先声。

宋代文人雅集饮茶，是颇具时代特色的茶文化，一般以茶会、茶宴为称，是宋代茶文化代表性活动之一。

宋代是中国古典园林兴盛发展的时期，宋人很看重林园之趣，大大小小的文人茶雅集多在林园之中举行。比如“南宋四家”之一刘松年的《撵茶图》，描绘的就是一次宋代文人在林园之中典型的小型雅集，画面集品茗、观书、作画于一幅，文事与茶事并重，但画题却舍文而以茶为题，表明作者敏锐地把握住了茶与文人生活内在共通的一个“雅”字，以茶标题文会，犹以左右代称尊者，意蕴幽幽，但最终还是突出了一个“茶”字。

宋徽宗赵佶的《文会图》则描绘了一群文人在园林中的大型聚会。聚会在庭院中举行，周围雕栏曲折，院内翠竹茂树，杨柳依依。画面中长方形大桌上整齐对称地摆满了内盛丰盛果品的盘盏碗碟以及瓶壶筷勺，还有六瓶一样的插花匀布其间以为装饰。画面正中下方，是这次聚

（宋）赵佶《文会图》，藏于台北故宫博物院

（宋）赵佶，《文会图》局部，藏于台北故宫博物院

会的备饮部分，陈列了众多的宋代茶具，并展示了宋代点茶法的部分程式。柳枝垂荫下，石桌上安放着一把黑色的古琴和一只古雅的三足香炉，表明这次雅会还有焚香鼓琴之韵事。

总体上来看，《文会图》描绘了一次有酒食、茶饮但尤其突出茶内容的雅集。《文会图》让人们通过画面很直观地理解了宋词中关于酒后饮茶词的描写，也有助于人们理解日本茶道中与酒食并重的程式安排的文化源头。

欧阳修与苏轼先后都有诗句述及文人茶会场合及相宜的会茶条件，欧阳修在《尝新茶呈圣俞》诗中有句曰 “泉甘器洁天色好，坐中拣择客亦嘉”，苏轼《到官病倦，未尝会客，毛正仲惠茶，乃以端午小集石塔，戏作一诗为谢》中亦言：“禅窗丽午景，蜀井出冰雪。坐客皆可人，鼎器手自洁。”

南宋人胡仔在《苕溪渔隐丛话》中引用了这两首诗的诗句后说“正谓谚云三不点也”，说它们是与谚语所说“三不点”相对的正面说法，说明欧、苏之后，宋代关于会客饮茶已经有了宜否的说法。从两诗可以看出，相宜的条件是泉甘器洁，静室丽景，座中佳客，另外一个不言而喻的条件当然就是好茶。

爱茶的主人、相得的客人、好茶、好水、洁器、静室、佳景或好天气，是宋代茶会不可或缺的条件，也是明以来茶人雅士论说茶事宜否的蓝本，宋人所论列的要素与基本原则，直至当今仍是茶会茶事活动的要素与基本原则。

茶人

宋代文人为茶文化的主要创造者，他们对于茶叶“采制之出入，器用之宜否，较试之汤火”；他们又是茶事茶文化活动的主要践行者，在事闲之时际，“乘暑景之明净，适轩亭之潇洒，一取佳品尝试”，鉴赏茶叶茶艺。

宋代文人作为已经以文载道的群体，他们更多注重的是茶的感官享受与审美，而不太注重以之载道，至多只是用之以为感悟生命、修禅悟道、格物致知的凭借。正如苏轼在《书黄道辅〈品茶要录〉后》中所论："达者寓物，以发其辩，则一物之变，可以尽南山之竹，学者观物之极，而游于物之表，则何求而不得？"

所以宋代精微的茶艺，并没有走向"自技而进乎道"的日本式茶道，而是寓己于茶，"为世外淡泊之好，以此高韵辅精理"，这正是宋代茶文化注重茶却又不仅限于茶的成就之所在。

* 本文作者沈冬梅，中国社会科学院历史所宋代社会生活史研究员。

宋代茶饮风气：

斗茶与点茶

“在两宋大部分的时间里，既有尚白色斗浮斗色的斗茶，也有不计茶汤色白色绿而注重茶之香、味品鉴的斗茶。”

“茶兴于唐，而盛于宋。”在市民经济繁荣的宋代，正如南宋诗人吴自牧在《梦粱录》中所说，“盖人家每日不可缺者，柴米油盐酱醋茶”，茶已成为风靡全国的国饮。

在茶文化专家沈冬梅看来，茶事之盛，除了市民经济的发展外，更多得益于从皇帝到文人士大夫的整体投入。自北宋太宗初年初步建立起北苑（在福建建安，今福建建瓯市境内）官焙茶园起，宋代贡茶体系到徽宗年间逐步发展到精雕细琢、登峰造极的程度。徽宗皇帝所写的《大观茶论》，更成为史上唯一一部由皇帝撰写的茶书。

与此同时，在贡茶体系影响下，宋人一改唐人的煎煮法，形成以点茶法为主的饮茶方式。唐人煎煮法的基本流程是，根据喝茶人数，先将适量的茶饼碾成茶末，待锅中的水烧到第二滚时，先舀出一碗，然后将茶末从锅心放入，同时用竹荚在锅中搅动，加入调味之盐，等水再开时，将之前舀出的水再倒回锅中。

这种所谓“育华救沸”的方法，类似于今人煮饺子时的多次加水。茶水煮好后，分入茶盏供人享用。而点茶法则要将研磨好的茶末先放在茶碗中以少量开水调成均匀的茶膏，之后一边注入开水一边用茶匙（茶筅）击拂。

这种原本源自福建建安民间的冲茶方式，逐步流行于全国。向来追求精细生活的宋人，又将在点茶基础上形成的分茶技艺，进一步发扬光大，使其成为陆游诗中所描绘的“晴窗细乳戏分茶”，成为代表士大夫雅致闲情的一项日常活动。而最能体现这种生活方式精致之处的活动，便是多幅宋画中所描绘的、宋代风靡一时的斗茶活动。

风靡一时的斗茶

较早以斗茶为题材的画作，主要有南宋刘松年所创作的《茗园赌市图》与《斗茶图》。据《南宋院画录》的记载，刘松年为钱塘人，居住在清波门（又名暗门）外，人称“暗门刘”。这位历南宋孝宗、光宗、宁宗三朝的宫廷画家，擅长山水，精通人物画，后人将他和李唐、马远、夏珪并称为“南宋四家”。

《茗园赌市图》一般被视为中国茶画史上最早反映民间斗茶的作品。在画卷描绘的集市左侧，有四个提着汤瓶的男子在斗茶，一位端着茶盏刚刚喝完似乎正在品茶，一位正要举盏喝茶，一位拿着汤瓶正在冲点茶汤，一位喝完茶正在用袖子擦拭嘴角。而在画面右边，一位男子站在茶担旁一手搭着茶担，一手掩嘴似在吆喝卖茶，茶担里摆放着很多汤瓶与茶盏，茶担一头还贴着“上等江茶”的招贴。画面左右两边各有一个手拿汤瓶、茶盏等茶具的男女，边往前走，边回头看四位正在斗茶的人。画面中人物生动，器物细腻，俨然一派南宋市民卖茶、饮茶的生活图景。

（南宋）刘松年，《茗园赌市图》（局部），藏于台北故宫博物院

在刘松年的另外一幅《斗茶图》中，四位身背雨具、提着汤瓶、挑着茶担的卖茶者在市郊相遇，遂在松树下架炉煮水，品茶斗茶。

刘松年创作此画时，北宋风靡一时的斗茶在南渡之后已渐消歇，因此画中所绘的斗茶图景，已然不是北宋蔡襄以来受建安当地风气影响所形成的“茶尚白、盏宜黑、斗色斗浮”的斗茶活动。

画面中斗茶的核心显然更偏于对茶汤的品味，沈冬梅得出的研究结论是：“斗茶的重心在宋代不同时期不是一以贯之的。不过，这种斗茶的重心不一贯，在时间跨度上的表现却不是连续的，在更多的时候，它表现为一种并行的状态，即在两宋大部分的时间里，既有尚白色斗浮斗色的斗茶，也有不计茶汤色白色绿而注重茶之香、味品鉴的斗茶。”

如果说品评茶香的斗茶更易为今人理解，那么斗浮斗色的斗茶又是何种状态呢？一切还得回到早在唐末五代初时就在福建地区流行的斗茶风俗，也就是唐冯贽在《记事珠》中所说的“建人谓斗茶为茗战”。

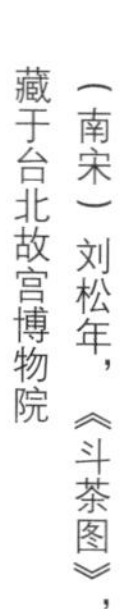

（南宋）刘松年，《斗茶图》，藏于台北故宫博物院

入宋之后，流行于福建当地的民间斗茶，借助贡茶之名也很快流布全国，尤其在宫廷士大夫等上层社会中受到推崇。宋仁宗庆历六年（1046），蔡襄就任福建路转运使（相当于地方最高行政长官）。之前，福建路转运使丁谓督造的北苑贡茶大龙凤团饼茶，早已成为誉满京华的精品。一生好茶的蔡襄到了建安之后，不但改进了制茶工艺，用更为细嫩的原料，添创精美细巧的小龙团，还写成《茶录》两篇上进仁宗，论述北苑贡茶的茶汤品质与烹饮方法。

在《茶录》中，蔡襄便写到了建安民间斗茶的具体品评标准。如其在上篇《色》中所说“既已末之，黄白者受水昏重，青白者受水鲜明，故建安人斗试，以青白胜黄白”，便点出了宋人“茶色尚白”的品评标准，不过到了宋徽宗那里，这一标准被进一步细分为“以纯白为上真，青白为次，灰白次之，黄白又次之”。而《茶录》上篇《点茶》则载有：“汤上盏可四分则止，视其面色鲜白、着盏无水痕为绝佳。建安斗试以水痕先者为负，耐久者为胜。故较胜负之说，曰相去一水、两水。”

可见，斗茶的最终标准在于在茶末中注入开水，击拂之后产生的泡沫在茶盏内壁贴附的时间，时间越长，水痕出现越晚者，则获胜，这也正是苏轼在《和蒋夔寄茶》一诗中所谓“水脚一线争谁先”。茶沫吸附茶盏的专用术语叫“咬盏”，宋徽宗在《大观茶论》中对其亦有明确解释：“乳雾汹涌，溢盏而起，周回凝而不动，谓之咬盏。”

斗茶所用的煎泡方式正是点茶，二者的技术要求与评判标准基本相同，唯一区别在于斗茶要在水脚生出的时间早晚上比较高低。而在宋人诗词中大量出现的“分茶”，实则是在点茶基础上进一步发展的一种高超技艺。这种源自五代时期的技艺，名曰“汤戏”或“茶百戏”，要求在分茶阶段的注汤过程中，用茶匙（茶筅）击拂拨弄，使茶汤表面幻化出各种文字乃至花鸟鱼虫的图案。这种神乎其技的茶艺表演，在注重审美享受的宋代备受推崇，甚至与书法、弹琴等技艺并举。

斗茶形成的标准，影响到了宋人点茶、斗茶的饮用茶具。由于宋代茶色尚白，为了取得较大的反差以显示茶色，之前流行的白瓷、青瓷便不太合适，福建当地建窑出产的黑色建盏，便更为适宜。由于建盏内壁有玉白色毫发状的细密条纹，一直从盏口延伸到盏底，类似兔毛，也叫兔毫盏。在蔡襄与徽宗的推重下，兔毫盏成为宋代点茶、斗茶的必备器物，也成了宋代点茶茶艺的代表茶具。在沈冬梅看来，白茶黑盏所带来的具有强烈反差对比的审美情趣在中国古代并不多见，独具时代特色。饮茶方式与器物之间相互成就，也正是这个原因，学者扬之水发现，斗茶风气的衰歇与建窑烧制御用兔毫盏的时间，亦大致相当。

四大闲事之点茶

刘松年的另一幅茶画《撵茶图》，则生动地再现了宋代文人雅集中品茶、观书、作画的典型场景，还有点茶茶艺的整个过程。画面左侧的两人正忙于茶事，其中一人坐在矮几上，转动茶碾的转柄正在碾茶，一人手拿汤瓶正在桌边点茶。备茶的桌子上，井井有条地放置着茶盏、汤瓶、茶盒、竹筅、茶罗、盏托等茶具。画面右侧的一个僧人正在执笔作书，周围两人则坐在一旁欣赏。

（南宋）刘松年，《撵茶图》，藏于台北故宫博物院

《撵茶图》中备茶的桌子

点茶法，本是福建民间斗茶时冲点茶汤之法，其逐步成为宋代主流茶艺的原因，在沈冬梅看来，至少包含几个方面："在蔡襄写成《茶录》并通过坊肆广为流传之后，由于皇帝如仁宗对北苑茶及其煎点方式的眷顾，由于龙凤茶等贡茶作为赐茶的身价日增，也由于文人雅士如蔡襄者流对建安茶及其点试方法的推重，也由于在大观年间徽宗赵佶亲自写成《大观茶论》再度介绍末茶点饮的方方面面。"

点茶法流行开后，上层人士形成的观念是，好茶一定要用点茶法来喝，不好的茶或者粗老茶以及某些地方保留的传统贡茶才会煎煮来喝。南宋诗人王观国在《学林》卷八"茶诗"条便写道："茶之佳品，其色白，若碧绿色者，乃常品也；茶之佳品，芽蘖微细，不可多得，若取数多者，皆常品也。茶之佳品，皆点啜之；其煎啜之者，皆常品也。齐己茶诗曰：'角开香满室，炉动绿凝铛。'丁谓茶诗曰：'末细烹还好，铛新味更全。'此皆煎茶啜之也。煎茶吸之者，非佳品矣。"而苏轼在《和蒋夔寄茶》中的诗句"老妻稚子不知爱，一半已入姜盐煎"，更嗔责家人不懂得建安好茶的点茶方法，而按四川传统习俗在茶中加入姜、盐煮饮。

扬之水考究两宋茶诗，发现在宋代的煎茶与点茶之间，还隐然有着清、俗之别。比如陈与义所写"呼儿汲水添茶鼎，甘胜吴山山下井。一瓯清露一炉云，偏觉平生今日永"（《玉楼春·青镇僧舍作》），陆游所写"雪液清甘涨井泉，自携茶灶就烹煎。一毫无复关心事，不枉人间住百年"（《雪后煎茶》），都隐然暗含着一种清雅的诗情。

来自器物层面的支持则在于煎茶一般用风炉与铫子，点茶则多用燎炉与汤瓶，而"与燎炉相比，风炉自然轻巧得多，当有携带之便，且与燎炉用炭不同，风炉通常用薪，则拾取不难，何况更饶山野之趣，诗所以曰‘藤杖有时缘石磴，风炉随处置茶杯’”；而所谓“‘岩边启茶钥，溪畔涤茶器。小灶松火然，深铛雪花沸。瓯中尽余绿，物外有深意’，更是煎茶独有之雅韵”。

可在沈冬梅看来，诗词之中的典故多有滞后的现象，古人惯用原来的意象和典故，描写业已发生变化的所指，仅凭煎烹等字眼难以判断实际饮茶方式。此外，当点茶法成为宋代主流饮茶方式后，社会已然形成好茶当用点茶法的观念，很难说传统的煎茶法更为清雅。

无论如何，让仆人携带点茶所需用具的茶燎担子，已成为宋代上层士大夫外出游玩时不可或缺的一项内容。收入《石渠宝笈三编》的一幅南宋佚名画作《春游晚归图》，所表现的正是这样的内容。画面右上方一座高柳掩映的城楼，对着城楼的林荫大道入口处是两道拒马杈子。大路上骑马的主人一副达官贵人的装扮，两名仆从作为前导，一人牵马，另外两名则在马侧扶镫，马后一众仆从负大帽、捧笏袋，肩茶床，扛交椅。又有一名仆从手提编笼，编笼中的东西为“厮锣一面，唾盂、钵盂一副”。最后一个荷担者，担子一端挑了食匮，另一端是燃着炭火的燎炉，炭火上坐着两个汤瓶。显然，燎炉汤瓶，再加上其他用具，正是点茶必需的一套器物。

另一方面，点茶也逐渐成为文人家居之中不可缺失的生活享受。宋代佚名的《人物图》便表现了当时典型的文人书斋生活图景：烧香、点茶、挂画、插花。这也是最能代表宋人生活与文化趣味的“四般闲事”。

只是，这套为宋人习用数百年的末茶茶艺，在明初太祖朱元璋下诏

（南宋）佚名，《春游晚归图》，藏于台北故宫博物院

《春游晚归图》细节

罢贡团茶之后正式消亡，除流传日本发展为其极具特色的抹茶茶道之外，在国内仅成为少数文人玩习的雅事。沈冬梅将其消亡的原因总结为四点：与自然物性相违，高制造成本阻碍普及，掺假、制假影响上品抹茶的品质和声誉，点茶茶艺的泛化。从茶艺本身来看，其中最重要的也许正是宋人独一无二地认为榨尽茶叶汁液才能保持好的茶色与茶味，其背后精雕细琢的美学、不计成本的享受不难想象。然而，正如明人田艺蘅所说："茶之团者片者，皆出于碾硙之末。既损真味，复加油垢，既非佳品，总不若今之芽茶也。盖天然者自胜耳。"此后，散茶的时代便到来了。

* 本文作者艾江涛，《三联生活周刊》记者。

（宋）佚名，《人物图》，藏于台北故宫博物院

宋代饮茶文化东渡

日本室町时代“五山文学”的代表性人物之一，禅僧希世灵彦，曾写下过名为《春院烹茶》的汉诗：“鹰爪焙来鱼眼煎，自吹活火汲新泉。落花禅榻风炉侧，残睡鬅鬙鹤避烟。”这里使用的词语，大部分都来自中国的诗文，哪怕是作为题目的“春院烹茶”，其创作灵感，也多半来自宋代诗人苏轼所作《试院煎茶》。

若是这样想来，饮茶文化到底是如何从中国传到日本，其中经纬，又是如何与京都五山的禅僧们有关联，都有细细考察的必要。

宋代的点茶文化与南宋五山

宋代的点茶，如何流传进入日本，有着各种可能性。这里暂且先考察其中一例。作为佛教徒生活的一部分，不断前往中国的禅僧们在当地寺庙中接触了饮茶习惯，继而将其带回日本。

平安时代末期，前往中国的僧人成寻所著旅行记《参天台五台山记》中，已经可以看到“点茶”这样的词语。他自己虽然没有回到日本，但大概有其他僧侣也接触到了点茶，继而传回了日本。在博多遗迹群，曾经出土了 12 世纪的文物——建盏。这是专门用于点茶的茶碗，估计也是远渡中国的僧侣和商人们带回日本本土的。

镰仓时代初期，从中国回到日本的僧侣荣西曾经著有《吃茶养生记》

以推广点茶，这可以看作日本茶道的起点。这样的说法或许有点过于简单，但是点茶从这一时期开始在日本正式流行，确是毋庸置疑的。

在进一步探讨《吃茶养生记》之前，有必要提及，远渡中国的僧侣们的活动中心——南宋五山正是当时饮茶文化的中心所在。寺庙里的饮茶习惯，原本是在唐代开元年间产生。彼时，泰山灵岩寺的降魔禅师，为了更好地坐禅，获得了饮茶的方法，由此开始了在寺庙内的饮茶。

荣西

在唐宋时期，茶也往往作为禅宗寺院的仪礼（清规戒律）。清规的代表作之一《勅修百丈清规》中，时常可以看到“点茶”这样的词语。从记载中，可以看到年中行事以及特别仪式的时候，虽然也有茶与药汤一起饮用的通例，但是并没有详细记录有关点茶的工序。宋代的各种清规，在镰仓时代引入日本后，根据日本的实际情况进行了修改，分别由不同的禅宗流派传承下来。

不管怎样，在宋代的禅宗寺院，重视“茶”，且将“茶”作为日常饮品，这点是可以确认的。此外，据说在一些寺庙内，还有特别的点茶的技术。一般说，点茶是将茶放到茶碗内，然后注入热水，接着用茶匙或者茶筅搅拌后饮用。若是能很巧妙地用茶匙搅拌，可以在茶水表面画出各种图形，和时下的咖啡拿铁拉花有些类似。在宋代初期，还有些僧侣会在茶水的表面勾画出动植物的形状，供众人观赏。

这样的点茶表演，时任杭州刺史的苏轼曾经观赏过。值得注意的是，为苏轼表演的是后来在南宋五山中数一数二的净慈寺的僧侣们。在苏轼的诗《送南屏谦师》中，曾经这样写道："道人晓出南屏山，来试点茶三昧手。忽惊午盏兔毛斑，打作春瓮鹅儿酒。天台乳花世不见，玉川风腋今安有。先生有意续茶经，会使老谦名不朽。"苏轼为法师的点茶技巧所感动，将其与有名的天台山的石桥茶，以及唐代的卢仝（自号玉川子）的茶并称。

宋代的寺庙多种植经营茶山，特别是以五山为代表的浙江寺院，出产各种名茶。净慈寺所在地杭州，就出产宝云庵的"宝云茶"、下天竺的"香林茶"、上天竺的"白云茶"。而在位于杭州西北的径山，也种有茶树。其中的"白云茶"，就是苏轼时常在诗歌里面称颂的。

宋代首屈一指的名茶"日铸茶"产于会稽山日铸岭的寺庙，时至今日，径山寺、阿育王寺、天台山国清寺周边都还在生产茶叶。在宋代，浙江的寺庙出产优质的叶茶，同时也可以说是叶茶文化的中心。最近的研究中，把中世纪传播到日本的茶树的遗传因子特征进行比较后，发现正是属于浙江出产的茶树。这里可以看出，不仅茶文化源于中国，同时日本的茶树也是来自中国浙江。

那么，宋代浙江的茶文化，到底有哪些特别之处呢？邻省的福建，将采摘后的茶叶，进行蒸煮、磨碎，再加工制作成块状的茶叶。而浙江则是蒸煮后，将其晒干，加工制作成叶状的茶叶。这样的制作工艺，与现在用来制作抹茶原料的绿茶是类似的。前面提到的"日铸茶"就是这类工艺的典型代表。

而且浙江各地的寺庙所出产的茶叶，也差不多都是此种工艺的叶状茶叶。取这类茶，将其捣碎成粉状，放入茶碗内。普通的点茶的泡制方法，就是在茶碗内注入热水，搅拌后饮用。《吃茶养生记》中的记述，正是这类茶叶的泡制和饮用方法。

荣西所著《吃茶养生记》的意义

《吃茶养生记》，从其字面意思来看，说的就是“饮茶、养生健体的方法”。荣西曾先后两次前往叶茶文化中心浙江留学，回到日本后写下了此书。书里不仅提到了茶的药理和效用，也提到了桑、沉香、青木香、丁香等中药材的效用。总体来看，此书不过是介绍和宣传茶、桑以及其他当时在南宋广为流传和饮用的保健饮品而已。撰写此书的动机是要治病救人，拯救受病痛之患的普罗大众。

而实际上，荣西自己在前往宁波天台山的路上，因天气炎热，中暑而身体不适，后经茶店主人救助，喝下了丁香熬制的茶水而得以恢复。荣西在此书中也详细介绍了这个经过，从茶开始，荣西感受到了宋代中药材的药理效用。

荣西为了拯救受疫病之苦的日本民众，撰写了此书，在传达最尖端的医药知识的同时，也对茶的使用方法进行了理论化总结。茶保有五味（酸、苦、甜、辣、咸）中的“苦”，有益于心脏，也有利于调和内脏，这些也都可以在密教的记载中看到。

《吃茶养生记》在开头就写下名句：“茶，乃传世万古流芳的养生仙药，有延年益寿之功效。”全书也都是为了介绍和推广茶而论述的相关药理。这些药理，到底是荣西的独创，还是中国古已有之，就不得而知，难以判断了。

《吃茶养生记》中虽然记载规定了茶的冲泡方式，大致是先放入两大勺粉状的茶，再注入三杯左右的热水，但是没有叙述具体步骤。但不论怎样，都隐含了稍微浓点的茶会有利于健康的看法。无论如何，这样的冲泡方式就是宋代流行的饮茶方式。书中也提到，荣西曾经在现场观摩过此类茶的制作工艺和流程，也就是将采摘后的嫩叶蒸煮，再加热干燥，这样的方法，是宋代浙江常用的叶茶的制作工艺。

此外，在《吾妻镜》中曾经有记载，建保二年（1214），荣西向源实朝敬献《茶记》，这里非常有可能敬献的就是《吃茶养生记》。从荣西当时的声望来考虑，他大概是在镰仓时代的武士社会中推广和普及了饮茶。

荣西在京都也在为普及饮茶而不断努力。他把从宋朝带回来的茶树，也有可能是茶树的种子，送给了明惠上人。这里所产的茶，在宇治茶成名前，是京都最高级的茶叶。在荣西等人的努力下，后来在镰仓普及了饮茶文化。从浙江引入的茶树，不仅切合了日本本地的气候及土壤的特点，也适合于主食以肉类为主的武士社会的需要，一时间成为新的健康饮料。

荣西所修建和开创的京都建仁寺，以及与他有着直接渊源的镰仓五山，就成为从南宋学习了茶文化的禅僧们在日本继续保存茶文化的场所。尤其是圆觉寺塔头法日庵的“公物目录”（按照元应二年，公元1320年的原型而设立），以及“茶道”历史中重要的唐代文物（从中国传过来的）如绘画、书法作品、建盏等，都非常引人注目。这其中的一部分，就是

高山寺是日本最早种植茶树的地区之一，古茶园的茶种是荣西禅师从中国带回来的

关海彤摄

京都建仁寺

后来向室町将军家敬献的宝物，这也间接联系到了“茶道”的正式诞生。

天台山罗汉供养茶的含义

西渡前往中国的禅僧，很多都在天台山修行，而在当地有所谓的石桥名胜美景，天然的石头呈现出桥的模样，桥下还有瀑布飞出。在这里供奉着五百罗汉，据说在五百罗汉前供奉点茶，茶盏中会出现奇特的图案。之前提到的苏轼诗篇中的“天台乳花世不见”，说的就是这等奇景。

北宋神宗年间（日本延久五年，公元1073年），高僧成寻在《参天台五台山记》中记载了天台山罗汉供茶的胜景：“参石桥，以茶供养罗汉五百十六杯，以铃杵真言供养，知事僧惊来告：茶八叶莲华文，五百余杯有花纹。”这里说的是，分别在五百罗汉和十六罗汉前，一个接一个地奉上点茶。大概其过程是，在茶碗内放入茶末，一个接一个排好，再相继注入热水。

在茶水的表面，会出现八瓣莲花状的灵瑞茶花，而莲花恰好是天台山的象征，再没有比这更加令人欣喜的了。这种茶虽说是点茶，却不用茶匙做出模样，大概是注入热水后静置，或是用茶筅进行搅拌，再静置，待茶末自然而然地沉淀到杯底，此后杯盏内的茶水表面会出现各种花纹。

荣西在《兴禅护国论》里提到，他曾经在天台的石桥下，“捏少许茶，待其煎出香味，向身居现实世界的五百大罗汉致敬、敬礼”。据后世传说，荣西曾经自夸自己前世正是万年寺的僧侣，因而有所感而得出此言。这里则是点出了石桥供茶的神秘之处。

另一位高僧道元在《罗汉供养式文》里写道，能在永平寺（日本曹洞宗总本山永平寺）再次看到与“大宋国台州天台石梁”一样的供茶灵瑞图案，非常感动（“现瑞华之例仅大宋国台州天台山石梁而已，本山未尝听说。今日本山数现瑞华，实是大吉祥也”）。

这样的“天台山供茶灵瑞奇迹”，与镰仓五山多有相关，在记录日中禅僧交流活动的文学作品中也多有出现，这里姑且做些介绍。无象静照，曾在径山万寿寺学习，其后师从圆尔、虚堂智愚两人，成为净慈寺的住持。他在景定三年（1262）在天台山向罗汉供茶后，又在梦中见到罗汉现身的奇景，感动之余，与中国的41位僧人相互作诗偈酬唱，并留下了《无象照公梦游天台石桥颂轴》的卷轴。其后，他携带此卷轴回到日本。此卷轴内，记载了禅僧之间的辩论式的诗偈，再现了当时茶杯内出现瑞华的胜景。

从这里可以看出，天台山的供茶出现灵瑞图案的故事，在镰仓的禅僧间也广为流传。当时社会对于茶的看法，从现在看来，有宗教的意味，更有神秘感在内。从《吃茶养生记》将茶称呼为“仙药”，以及来自“佛的加持功效”这样的记载中，都可以得出同样的结论。

总体看，对于镰仓时代的禅宗寺庙来说，茶作为刚从中国远渡重洋而来的新物品，一方面是因其提神防犯困的功效，有助于僧侣们的修行，是寺院内各种仪式不可或缺的饮品；另一方面，茶也与僧侣们的信仰圣地天台山联系在一起，带有神秘感。而其后以“佗茶”为代表的诸多流派，则是具有特殊的美学以及思想的茶道，还不是镰仓时代就会产生的。

（南宋）林庭珪，《五百罗汉图之备茶图》，藏于日本大德寺

残留于绘画作品中的宋代茶文化

像宋代天台山这样壮观的罗汉供茶胜景，以绘画形式流传到了日本，同时也在传达着中国的茶文化。存于大德寺的《五百罗汉图》就是其中之一。这百余幅画是在宁波僧义绍的建议下，由画家林庭珪、周季青所作。如今在大德寺仍存有 82 幅。

其中，林庭珪所作的，正在准备茶水的图（姑且称作《备茶图》），以及周季常所作，供奉茶水的画作（姑且称作《吃茶图》）最为引人瞩目。《备茶图》中，在画面前方，有两位鬼神模样的侍者。右边的侍者正在照看炉子，而左边坐在地上的侍者，手握典型的宋代茶碾，捣着茶。在这个碾的右边，还放着其他宋代特有的茶具，诸如茶臼和茶槌。

如此清晰明了的有关茶水准备的图画，很是稀有。推测来看，这些茶具估计是用来捣碎块状茶叶的。宋代的块状茶，由于非常坚硬，饮用前得先以臼将其分块，再以碾将其捣碎。

宋代的浙江虽说已经普及了叶状茶，但是供奉给天台山罗汉的茶，却是一种叫作“龟团茶”的茶。估计这是当时最高级的块状茶叶，也可以肯定这幅图中的各色茶具正是用于加工块状茶叶的。

此外，附带提一点，若是叶茶，多半是用石制的茶磨来加工成粉末的。茶磨是从中国传到日本的，而且沿用至今。与此相对，用于加工块状茶叶的茶臼，却没有传到日本。

（南宋）剔犀如意纹茶托，藏于东京国立博物馆

另一幅《吃茶图》中，有四位罗汉，每人手里都捧着茶托，各自一个建盏。旁边侍者左手正拿着瓶子，挨个给他们斟水。在画中，还描绘了斟水后侍者右手持着类似茶筅式样的茶具搅拌的场景。但是若说这画的是茶筅，看起来形状偏大，而且红色也是非常少见的奇怪的颜色。

这与《饮茶往来》里曾经提到的“左手提着水瓶子，右手握着茶筅”的论述是一致的，而且看起来也是点茶的典型动作。不过也有人说这是类似于今天的茶包（Tea-bag）的物品，但从当时的饮茶方式来看并不可能。

把《备茶图》和《吃茶图》放在一起看，这些绘画就是非常详尽的有关宋代饮茶过程的历史资料。像这样类似于《备茶图》的绘画，也收藏在日本别的地方。比如说，相国寺的《十六罗汉图》，其构图就和这里的《备茶图》非常类似，而且也同样可以看到放置在茶碾旁边的茶臼。

类似于这样的图画，除去有茶臼和茶碾一并出现外，省略掉了茶臼，又或者是拿着茶碾正在捣茶的罗汉图，在日本其他地方也都可以看到。像这样省略了茶臼，在罗汉的脚下有个侍童，拿着药磨子一样的工具正在捣着，虽说不明白到底画的是什么，但它们的源头正是《备茶图》。日本因为没有块状茶，因此不了解茶臼的用处，茶臼也就渐渐消失了；而另一方面，因为茶碾还可以用于磨碎中药材，才得以存留下来。

虽说画面构图与这里的迥异，但也被统称为《吃茶图》之一的，明兆所作的《五百罗汉图》，现存于东福寺。虽说是日本的画僧所作，但观其写实手法，也有可能是复制宋、元的绘画。在此图中负责准备茶水的侍者，头上顶着一个托盘，里面放着十来个茶碗、茶托，而旁边等候着茶水的僧人也有数十人之众。侍者一个接一个，分发茶碗，再以左手的水瓶子为他们斟茶。这里也是采用点茶的方式。

类似于这样，保存于日本禅宗寺庙内，描绘了宋代饮茶场景的绘画，正是非常重要的研究中国饮茶文化的资料。

日本南北朝时期的茶文化

饮茶文化，作为禅宗寺庙的仪式，通过种种交流方式在日本民间渐渐扩散、流行起来。武士社会在接受禅宗的同时，也接受了饮茶文化。后来人们在新安冲的沉船遗迹中发现了大量的茶具。从这里可以暂下个结论，在镰仓末期，不仅是武士社会，日本的民间也大量普及了饮茶文化。

紧接着这一时期就出现了称之为“茶寄合”的茶会游戏。这类茶会中进行的“斗茶”游戏，又称为“四种十服”。这是将四种不同种类的茶叶，分为十回饮用，大家来竞猜产地的打赌游戏。根据出土的与斗茶相关的札记《太平记》的记述看，这类“斗茶”游戏茶会，在南北朝时期的京都非常流行。

从假托玄惠著之名的《饮茶往来》（作者不详）中，我们大致了解了当时“茶寄合”（茶会）的盛况。据其记载，在“茶亭”内摆放着来自中国的各类物品，大家各自品尝点茶，然后开始玩“斗茶”游戏。其描述稍微有些文学写意，其中说明各种不同产地、不同时期的茶的味道如何各异的情节，表现手法异常雅致，描绘了茶文化极盛时期的画面。

而且，与荣西及其弟子圆尔皆有渊源的建仁寺和东福寺，时至今日也还在举行“四方茶会”。其形式就是，各位香客手持建盏，僧侣们以水瓶子给各位香客斟水，再以茶筅加以搅拌。可以说这就是再现了《饮茶往来》里面喝茶的场景。

从“茶寄合”自镰仓以来的传承看，也许可以说是茶的堕落。梦窗疏石在其所著的《梦中问答集》里曾经哀叹道：“学习唐人喜欢的饮茶，本是为了消食积，通肠理气，养生之用。服药，是按照每服有一定的剂量，不然过量对身体有害无益。因而饮茶，也应该像医书那样有所节制。关于饮茶，过去卢仝、陆羽曾说过，此乃理气去滞之用，有助正心修行。我朝的栂尾的上人（明惠），建仁寺的始祖（荣西），也都钟爱饮茶，奉之为理气中和，正心修行之物，视之为珍宝。从如今的世人饮茶之风看来，养生之功效俨然是不可能了，更不要提及此中有助修行之功效了。这是浪费，暴殄天物，更不要提有助于佛法修行了。”这表明在荣西之后，以修行为目的的茶渐渐衰落，不再是当时的流行风尚了，同时这里也在批判以“斗茶”之名行赌博之事。

从镰仓到室町时代，茶随着禅宗寺院的食文化，也深入到了民间。在《庭训往来》以及《尺素往来》等当时的教科书中可以看到寺庙内举行法会时设宴招待的概况。在这样的法会盛典时刻，除去茶，有大致类似于“点心”“茶点”“坚果”等食品，还有诸如水晶包子等禅僧们从浙江连同茶叶一并带回日本的各色食品。

这些食品中大部分随着时间推移渐渐消失了，如今留下来的还有“素面”“馒头”“羊羹”等。茶文化对于日本的饮食文化有着巨大的影响，此后出现的“侘茶”中对于“茶果”的重视程度，其实可以在这里找到渊源。

从点茶到泡茶——煎茶文化的再生

前面提到了，宋代中国有着高度发达的点茶文化，此后中国的饮茶文化就进入了种类纷繁的时代。冈仓天心在《茶书》中曾经感叹道，蒙古的入侵严重破坏了宋代的文化。元代的统治者破坏了古代中国传统文化这一看法，虽说有些片面，但是对于茶文化来说，却是言不为过的。其中的一个证据就是，看不到这个时代有关茶的专业书籍。介绍北宋北苑茶的书籍，其代表作虽说数目有限，其后从南宋的《茶具图赏》以来，直到 15 世纪后半叶朱权的《茶谱》，将近两个世纪时间中，几乎就没有任何新的有关茶的专门书籍。

宋代已经有了诸如日铸茶、双井茶等有名的叶茶，而传入日本的也是制作叶茶的技术。用石磨将茶捣碎，再以点茶的方式饮用，是当时的主流形式。另外，通过煮茶的方式泡制的煎茶也保留下来了。

从元到明代之间，泡制方法得到了改良，很快就演变、过渡到了使用叶茶直接冲泡的方式。而泡茶，本就是在热水里加入茶叶，引出其中味道的简单饮用方法而已。虽说如此，没有冲泡即可出味的茶叶也不行。使得泡茶成为可能的，是在元代出现了被称为“揉捻”的新的茶叶加工技术。明代以后，很快从蒸煮加工绿茶的工艺，改进到了通过加热炒茶的工艺，于是就出现了大批香味和茶味皆出色的新茶叶。到这个时候，中国的茶获得了在世界舞台新生的机会。

爱好冲泡叶茶的明代的饮茶爱好者们强调说，宋代的块状茶以及点茶，多少有些不自然，而明代的饮茶爱好者们，主张自己的冲泡方式才是延续了唐以来的煎茶的传统。就理论上说，其实唐代的煎茶也采用了块状的茶，这与明代的叶茶是大相径庭的。明代人不过是用泡茶取代了煎茶这样的说法而已。

总而言之，在明代人的思维里，唐代的陆羽、卢仝是煎茶的创始人；而宋代的苏轼、黄庭坚也是同样重视煎茶的。这里所谓的“煎茶”，其实概念是非常模糊的，但若是用“受文人爱戴的传统的茶”来替代“煎茶”，倒是在一定程度上说得通。在日本也同样，若是在冲泡叶茶与煎茶之间替换，那么江户时代的“煎茶道”的出现，就显然与明代人的看法类似。

明代的煎茶文化形成，其原因在于不再拘泥于茶的形状，而是致力于改善和提高用于泡茶的水，茶叶的质量，茶具的选择，以及饮茶的环境，等等。尤其是饮茶的环境，必然追求与隐逸生活的心态和情趣一致的场所。

这里的所谓“隐逸”，指在现实中“大隐隐于市”的“隐”，其含义在于官吏、商人们能够继续以往的平民生活，却又能享受闲情雅致。对这种茶文化的向往，从茶文化书籍的作者分布来看，主要集中于16世纪以苏州、杭州、宁波为中心的区域。

* 本文作者高桥忠彦，日本东京学艺大学教授，翻译林佳。

古今设茗焚香

宋人烧香、点茶、挂画、插花，虽是四般闲事，却也反映出宋人日常生活中对气味、视觉、环境的着意重视。烧香不仅是皇家富贵象征，更被视为士大夫清致的举止，而呼童汲水煮新茶，更是雅兴。

数千年来，散发芬芳气味的香木、香草、树脂等物，一直是深受人们喜爱的。

香除作为供奉社稷神祇，祭祀祖先、宗教信仰等不可或缺的祭品，同时也是愉悦身心的不可或缺之物。而自陆羽《茶经》刊行，茶事天下遍知。禅宗以茶为禅定、悟道之辅助，文人雅士以茶会友，风雅相交，借由茗饮，如明代文徵明云："燕谈之余，焚香设茗，手发所藏，玉轴锦幖，烂然溢目。"

随着佛教的传入，通过感官的鼻、香与眼、色，耳、声，舌、味，身、触，意、法，都是修道成佛的各种法门。香，有香严童子因闻香而证道，茶则有集众饮茶击茶鼓，香事与茶事的交会，《百丈清规》中烧香行茶的规仪可为明证。

香与茶

香与茶的共同点：同样出现于南方；同样从日常用物为始，终为修行、性灵妙物；同样以嗅觉、味觉做基础。

叶廷珪《南蕃香录》云："古者无香，燔芮萧，尚气臭而已。"《陈氏香谱》之《香品举要》谓："秦汉以前未闻，惟称兰、蕙、椒、桂。"对于宋人而言，出自经典所载"黍稷馨香"或是"兰有国香"，与经由人力煎和而成，可焚、可佩、可入药的香，实在相去甚远，所以叶氏又云："故香之字虽载于经，而非今之所谓香也。"

传统焚香之品类的扩大与种类增多，汉代为关键点，随着中西交通的开展与文化交流，异香大量涌入中土。因此胡商带来迷迭、艾纳及都梁等香，尚书郎奏事始含鸡舌香。梁元帝有"苏合氤氲、非烟若云"之香炉铭。五代时期通过朝贡或船舶贸易，获得以蔷薇花蒸气而成的蔷薇水，都是中土所未见的，异香遂成为新宠。

随着佛教传入，香又具备了洁净、供养、清修的功能。宗教之香在唐代发展成熟，仅从唐代法门寺地宫的各式熏香香炉就可以看出，其中熏炉、长柄香炉、香囊、香匙等物莫不具备。

葛洪言："人鼻无不乐香。"熊朋来云："香者五臭之一，而人服媚之。"香从早期的除臭、沐浴、熏衣、祭祀、辟邪、医疗、饮食等用途，而后发展到气味评定，分清俗之别，更进而延伸到净心澄道、鼻观持德的精神境界，有如江河百川终汇于海，宋代正位居于此。

到汉魏六朝时，已有饮茶的风俗，但多偏向区域性的饮料，茶仍保

（元）赵原，《陆羽烹茶图》，藏于台北故宫博物院

留地方风俗，从晋代杜育《荈赋》到陆羽《茶经》，不仅记录茶史、区分茶区、建立茶器具使用，所谓“陆氏茶”俨然成风。从元赵原《陆羽烹茶图》：“山中茅屋是谁家？兀坐闲吟到日斜。俗客不来山鸟散，呼童汲水煮新茶。”可以想见因陆氏茶与道家隐士文化相互影响，开创了自然与文士心境融合的山水之趣。

或如顾况《茶赋》，分别就茶与筵席论曰：“罗玳筵，展瑶席，凝藻思，开灵液，赐名臣，留上客，谷莺啭，宫女嚬，泛浓华，漱芳津，出恒品，先众珍，君门九重，圣寿万春。此茶上达于天子也。”而茶对于文士幽人，则有：“滋饭蔬之精素，攻肉食之膻腻。发当暑之清吟，涤通宵之昏寐。杏树桃花之深洞，竹林草堂之古寺。乘槎海上来，飞赐云中至。此茶下被于幽人也。”

宋代茶书纷起，天下已无不知茗饮之事。唐代茶事，融入花赏、香赏进而发展到宋代的焚香、点茶、挂画、插花四般闲事，成为身心的必备修养。

明清之茶事与香事，则以闲赏安乐为主，追求悦心养性、好古敏求、顺时安处的生活，其间更是无处不见茶与香。在高濂《遵生八笺》中谈及幽人首务，将茶寮设于书斋旁，皆是四时插花、焚香、赏画、供佛、读书等，呈现传统文人之幽雅。如书斋是：

> 床头小几一，上置古铜花尊，或哥窑定瓶一。花时则插花盈瓶，以集香气；闲时置蒲石于上，收朝露以清目。或置鼎炉一，用烧印篆清香。冬置暖砚炉一，壁间挂古琴一，中置几一，如吴中云林几式佳。壁间悬画一……几外炉一，花瓶一，匙箸瓶一，香盒一，四者等差远甚，惟博雅者择之。然而炉制惟汝炉、鼎炉、戟耳彝炉三者为佳。大以腹横三寸极矣。瓶用胆瓶、花觚为最，次用宋磁鹅颈瓶，余不堪供……

茶寮则：“侧室一斗室，相傍书斋，内设茶灶一，茶盏六，茶注二……以供长日清谈，寒宵兀坐。”

观之，香事与茶事为中国文化中两条主轴，时而交错，又各自绽放光芒。

禅门中的茶事与香事

香事与茶事的连接，佛门为关键点。茶的使用，汉魏六朝已普及民间，随着佛教普及，消除睡意、提神、有助修行的茶，成为佛门必备。

传统用香，从早期的除臭、沐浴、熏衣、祭祀、辟邪、医疗、饮食等用途开始，《楚辞》云：“扈江离与辟芷兮，纫秋兰以为佩。”又有《九歌·云中君》：“浴兰汤兮沐芳。”以芳草沐浴，都是求其洁净、除秽避恶。佛教供香，使香又具备供养、清修的功能。

因此，茶事与香事通过佛教规仪交会，于怀海《百丈清规》中无处不见，诸如“烧香点汤”“插香行茶”“炷香行茶”“烧香吃茶罢”“烧香揖香归位坐行汤毕”“烧香献茶”“为茶拈香”，等等。

怀海（720—814），俗姓王，福建长乐（今福州市长乐区）人，原籍山西太原。童年出家，勤读佛经，游历各地。后住持百丈山（今属江西），世称“百丈怀海”。禅宗初期，禅林本无制度、规仪，怀海制定法堂、方丈制度，又规范众僧担任各式职务，将僧人行止坐卧、日常起居、饮食坐禅和行事等做出明确规范，称为《百丈清规》。

从《百丈清规》记载看，僧人一日生活，都离不开烧香饮茶，从每日清早开始的佛前供茶、供香，到每逢圣节、国忌、佛诞降、佛成道涅槃、帝师涅槃、达摩忌、百丈忌等日，以及僧众往来、迎送、请益等，即便日常起居、坐禅、交谈，都借由香与茶的传递，交织成细节明确、规矩严谨的禅门清规生活。

寺院繁杂的香事与茶事，在《百丈清规》中，都有专人职司。如专事烧水煮茶、献茶款客的茶头，负责扫地装香、烧汤添水的净头。地位较高的侍者则为烧香、书状、请客三侍者。专司烧香事项的烧香侍者，在住持的上堂、小参、普说、开室、念诵等场合，执行烧香行礼仪式，同时也随侍记录法语。

《百丈清规》中，僧众坐禅，都通过烧香巡堂的仪式，以气味来提点；住持巡寮，备香茶汤，或是迎侍尊宿，也烧香吃茶。茶事与香事，是禅门规仪中的两件大事。

（宋）李嵩，《听阮图》，藏于台北故宫博物院

烧香、点茶、挂画、插花四般闲事

香与茶对于释家而言，举进恭退之间是规范，同时也是修行生活中不可或缺之物。佛门认为茶有破睡提神、消食、不思淫欲三德，而烧香可以去除不洁，是诸佛、菩萨的供养圣品，如："佛神清洁不进酒肉，爱重物命如护一子。所有供养烧香而已，所可祭祀饼果之属。"又有香严童子因闻香而悟道证得罗汉果位，所谓："香者五尘之一数，三姓之中唯无记性，不通善恶，又无诠表，六根之中鼻根取也。香积世界种生利根不假文字、音声、言语诠表善恶，但闻香气便能入证，即皆获德藏三昧。"

宗教对于茶、香转化为修行之法，而大众普世对于香、茶却另有妙用。

先秦用香以蕙草秋兰为主；汉代开拓香的种类，加入异域奇香；魏晋南北朝佛教的融入，深化了香的内涵。唐代贵胄以香木建造宫苑居室，奢华为尚；又将各式香药应用于生活中，并与赏花结合为"香赏"，使得焚香之风渐普及于民。至宋代，香、茶已经是生活中无所不在之物，也形成一种优雅的生活模式，如南宋《梦粱录》记载一则俗谚云：烧香、点茶、挂画、插花四般闲事，不宜累家，若有失节者，是只役人不精故耳。

这里提到的四般闲事，本属铺陈摆设、置办酒席宴请宾客等诸事。换言之，宋代已经发展出专门人员来处理宴客必备的诸事，即四司六局，四司是指帐设司、宾客司、茶酒司、台盘司，六局为果子局、蜜煎局、菜蔬局、油烛局、香药局、排办局。顾名思义，从安排筵席的场地布置，挂画、插花、茶水、座席、屏风到餐点食物、果子点心、餐盘，甚至照明、服务人员都包含在内。举香药局内容来看，主要是掌管各式香药，龙涎、沉脑、清和、清福异香，以及香具的香叠、香炉、香球等“装香簇烬细灰”工作，听候换香，等等。

因此，宋代的宴饮场合，与今日并无二异，店内装潢争奇斗胜，不惜以名家书画真迹营造风雅氛围，所谓“插四时花、挂名人画，装点店面，四时卖奇茶异汤……”同时又有换汤、斟酒、歌唱、献果、烧香药之仆役随侍服务。不难想象，这样通俗的宴饮文化流行的背后，另有更深的文化蕴含支撑着。

宋徽宗《文会图》中，树后石桌有鼎式炉与一床琴，图中前方有四位仆役分茶酒，左茶右酒，左边仆役用茶瓶煮水，居中的侍者正从茶罐中取出茶末。图中筵席有六瓶插花，美景如画，充分反映宋人香、茶、花、画、琴、筵席的精致生活。又如河北宣化辽墓中的墓室壁画，不仅绘有茶图，还有茶、香、花共置的场景。

宋人烧香、点茶、挂画、插花，虽是四般闲事，却也反映出宋人日常生活中对气味、视觉、环境的着意重视。烧香不仅是皇家富贵象征，更被视为士大夫清致的举止，而呼童汲水煮新茶，更是雅兴。

（北宋）赵佶，《文会图》，藏于台北故宫博物院

《文会图》局部——插花

茶有真味与茶中入香

唐代茶业之产区、采制、饮茶方式十分多样，对于茶味的品鉴仍以文人为尚，如陆羽撰写《茶经》，写茶之源、茶之法、茶之器兼备，天下益知饮茶矣，而裴汶对茶有“其性精清、其味浩洁，其用涤烦，其功致和”的赞誉。直至北宋贡茶的兴起，朝向皇室奢华与精致发展，源自南唐北苑茶的宋贡茶，自宋太宗太平兴国初，颁置龙凤模，派特使到北苑造团茶，至道初年又发明出石乳、的乳、白乳茶等品种。

事实上，贡茶并不仅是单纯的皇室享用，也是宋代国家财务大事，可以充作皇室收入，据《宋史·食货志》云：“以岁贡及充邦国之用。”因此，宋真宗咸平年间，丁谓任福建转运使，监造贡茶，打响了北苑贡茶的名声。

丁谓出身吴县（今苏州）“丁陈范谢”四大家族之一，宋太宗淳化三年（992），丁谓年二十七登进士第，受大理评事、通判饶州。于太宗淳化五年（994）以太子中允为福建路采访使，上陈茶盐利害。至道元年（995）任福建转运使。此一职至真宗咸平二年（999）八月至峡路体量公事为止，约有五年时间。

丁谓任福建转运使期间，专研茶事，监造贡茶，作《茶录》三卷，设置官营茶园，深入了解茶的制作并精心改良焙茶。《郡斋读书志》卷十二说他“监督州吏，创造规模，精致严谨。录其园焙之数，图绘器具及叙采制入贡法式”。蔡襄《茶录》则说：“丁谓茶图独论采造之本。”

然而负评亦有，有将其行为视作争宠为君，不顾生民之辛劳者，如苏东坡《荔枝叹》中讥讽：“君不见，武夷溪边粟粒芽，前丁后蔡相笼加。争新买宠各出意，今年斗品充官茶。”并于“前丁后蔡相笼加”句之下自注：“大小龙茶，始于丁晋公，而成于蔡君谟。欧阳永叔闻君谟进小龙团，惊叹曰：君谟，士人也，何至作此事？”

福建北苑贡茶的最大特色，为茶中入香，《北苑别录》记录贡茶入脑子，如粗色第一纲：“正贡：不入脑子上品拣芽小龙，一千二百片，六水，十六宿火；入脑子小龙，七百片，四水，十五宿火。……”这里所说的脑子，就是龙脑，也是现今俗称的冰片，见洪刍《香谱·龙脑香》云:

> 《酉阳杂俎》云：出波律国，树高八九丈，可六七尺围，叶圆而背白，其树有肥瘦，形似松脂，作杉木气，干脂谓之龙脑香，清脂谓之波律膏。子似豆蔻，皮有甲错。《海药本草》云：味苦、辛，微温、无毒，主内外障眼、三虫，疗五痔，明目、镇心、秘精。又有苍龙脑，主风疹，䵟面。入膏煎良，不可点眼。明净如雪花者善。久经风日，或如麦麸者不佳。云：合黑豆、糯米、相思子贮之不耗。今复有生熟之异，称生龙脑，即上之所载是也。其绝妙者，目曰梅花龙脑，有经火飞结成块者，谓之熟龙脑，气味差薄焉，盖易入他物故也。

茶中加入龙脑的目的是什么？主要是增添芳香之气，如蔡襄所云：“茶有真香，而入贡者微以龙脑合膏，欲助其香。”

此外，也有加入麝香的，如丁谓茶诗中，也透露对于茶中添加香药的认知，例如《煎茶诗》云：

开缄试雨前，须汲远山泉。
自绕风炉立，谁听石碾眠。
轻微缘入麝，猛沸却如蝉。
罗细烹还好，铛新味更全。
花随僧箸破，云逐客瓯圆。
痛惜藏书箧，坚留待雪天。
睡醒思满啜，吟困忆重煎。
只此消尘虑，何须作酒仙。

又如《北苑焙新茶》诗有：“细香胜却麝，浅色过于筠。”

加入香的分量不宜过多，过多，则夺茶真味，丁谓故云：“轻微缘入麝”。据《鸡肋编》卷下：“入香龙茶，每斤不过用脑子一钱，而香气久不歇，以二物相宜，故能停蓄也。”《华遗草木考》有：“龙脑其清香为百药之先，于茶亦相宜，多则掩茶气味，万物中香无出其右者。”

《事林广记》中所记录的宋代民间所用香茶方“龙麝香茶”“小煎香茶”等，都是以龙脑入茶的配方。此外，《陈氏香谱》卷四《香茶》条，其中胪列四项香茶配方，“经进龙麝香茶”“香茶”则加入沉香。

宋代日常饮食中加入香药，不论在贵族还是平民的生活中都很常见。如周密《武林旧事》卷六“市食”条便记录凉水中有“沉香水”“香薷饮”“紫苏饮”等香药糖水，这些都是宋人日常消暑的饮品。又沉香酒则是妊娠、诞育需要准备之物；如端午节必备的“香糖果子”便是以香药相合。

茶中入香是宋代饮茶的特色之一，虽然蔡襄以“建安民间试茶，皆不入香，恐夺其真”，反对茶中入香而夺去茶的真味，不过茶中加入香药已经广泛流行于民间。至于可以加入茶里的香药有哪些，从宋元民间盛行的香茶配方中可知：龙脑、麝香、檀香、沉香、龙涎等都可入茶。

事实上，从宋人笔记、小说的记录看，茶中入香是当时流行的饮法，具有理气功效，是很实际的保健方法。宋仁宗便认为：“熟水以紫苏为上，沉香次之，麦门冬又次之。”

茶中加香的风潮，虽屡有文人反对，却从未停歇，反对者以为香藏味中，在有无之外，方得其余韵。明许次纾曰：“先以水浸，以失真味，又和名香，亦夺其气，不知何以能佳。”

然而，朱权《茶谱》记熏香茶法，使用花香入茶，所谓：“百花有香者皆可，当花盛开时，以纸糊竹笼两隔，上层置茶、下层置花。宜密封固，经宿开换旧花。如此数日，其茶自有香味可爱，有不用花，用龙脑熏者亦可。”

因之，无论是花香，还是以龙脑、麝香、沉香等香料微入茶中，都让茶饮文化中增添了更多的特殊气味。

焚香与试茗——现代茶席焚香的运用

品味香与茶的乐趣，若单一人品评，虽孤却不独；若邀约众多好友聚室品评，能有共同的兴趣与涵养，共赏茶饮与香气之曼妙，更是佳话。

清纳兰性德《与某上人书》中说道："茗碗熏炉，清谈竟日，颇以为乐。"要得幽趣，一人独品、两人对品为上，其境界为淡薄而有味，非茶非香，而在朋友之间的意合。

至于如何将香用于茶席中，在此简单提出可以自行制作的三种方式，来作为参考。

依据中国传统熏香方式，从用火的方式看，主要为直接熏烧或隔灰熏烧两种。直接熏烧者，如汉代马王堆一号墓轪侯夫人墓葬中出土的两件熏炉，都有使用过的痕迹，一件出土时"炉盘内盛满燃烧后残存的茅香炭状根茎"，另一件则"炉盘内盛有茅香、高良姜、辛夷、藁本等香草"。熏炉中植物炭化，证明为直接燃烧。

隔灰熏烧则流行于唐宋及其后，以银叶、云母为隔，例如李商隐《烧香曲》有"兽焰微红隔云母"句，就是指隔着云母片下兽形香饼发出微红火焰，另外以银制成叶形薄片"银叶"，也是非常美丽的隔火材料，宋代杨万里《焚香诗》云："琢瓷作鼎碧于水，削银为叶轻似纸。不文不武火力匀，闭阁下帘风不起。"

对于香气的选择，以香方的概念论，主要有单香与合香两大系统：单香为直接使用原材，制为片块状，最常使用的如沉香、檀香一类；另一种为合香系统，将各种香药研成细末，依据香方的比例混合后，以粉熏烧或制成丸、饼状等。单香气味纯一，变化不若合香气味多样且有趣，却自有一批拥护者。

因此，茶席用香，以茶为主，香为辅。印篆香、香丸与线香是不错的选择。

印篆香

印篆香［上图］
丸香［下图］

印篆香，也称印香、香印、篆香、香篆等，是将各种香药研细成散末，依据香方的比例混合，用香范为模，压印出各种图案文字后熏烧，这种方式，古称为“印”，印出的图案如篆文曲折状为“篆”，又称曲水香。宋代刘子翚《次韵六四叔村居即事十二绝》中有“午梦不知缘底破，篆烟烧遍一盘花”句，即描述这类香篆烧完之后的灰烬痕迹。

其次，印篆香也可以协助计时。利用印模，将香粉压出一盘图案，借由香粉燃烧便可计算时间。宋代还因为大旱而采用香印以准昏晓，也有“百刻香印”，是将十二时辰分成一百刻度，一盘可燃烧一天一夜。

丸香

同样的散末香粉，若不以印篆方式出香，则可以调和香粉后入蜜，加枣膏、梨汁等，用入臼捶捣方式捻成香丸子或饼状，再加以熏烧，称为丸香。

这种做法来自古代医药，以蜜为丸的历史很早，汉代医家张仲景编著的《伤寒论》和《金匮要略》便在药方中提出以蜜和丸的丸剂做法。《雷公炮炙论序》也说明："凡修合丸药用蜜，只用蜜……勿交杂用，杂用必宣泻人也。"

在香方制剂中，丸剂制成的工序有四：入蜜、制丸、挂衣、窨藏。

工序一，从入蜜开始，将诸香粉末入蜜调匀，蜜的作用是使诸香药软化且匀，便于形塑成丸饼状，故蜜是丸剂重要的赋形剂之一。尤其蜜本身的香气会影响合香的气味，故合香用以老蜜为佳。

工序二，捣香制丸。于瓷盆内，混合香药粉末，搅拌使其均匀后，至干湿合宜，再舂捣，次数宜多。以《陈氏香谱》所载诸香方为例，有杵百余下、三五百下，或千余下者亦有之。俟香药与蜜完全结合成胶状，捻成丸状，至皮有光泽为止，并阴干。

入蜜调匀、香药研磨至粗细恰好，加上与捣香时燥湿合度，方能使熏香达到美好的气味。宋人对于捣香的工序更加讲究，如颜博文《香史》专论"捣香"："香不用罗量，其精粗捣之，使匀。太细则烟不永，太粗则气不和，若水麝、婆律须别器研之。"

工序三，挂衣，在丸面上盖上细粉，称为挂衣。此工序并非必要。采取挂衣者，或改变颜色，或另外旋入龙麝以助其香。

工序四，窨藏，香制成后需要窨藏，窨藏时间从两三日、七日、半个月，到一月余或更久，端视香方所需。合香透过窨藏，经过陈化期的熟成，便能改善初合成时粗糙未定的香调，使气味更加均匀；此外，为避免新合香之香气走泄，故藏放在不见光的地方，以密闭性良好的瓷器储放。

这类蜜丸的优点是湿润、易于塑形，方便自行合香制作，随做随用，很能凸显个人对香气的取向。熏烧时，以炭为底火，略为隔灰熏烧即可。

线香

线香可能是大众最常见的一种烧香的形式，尤其在香火鼎盛的寺庙中，烟雾迷蒙衬托出信仰的坚贞。

线香的形式很多，在元代已经出现以纸包裹香药做成线状的焚烧方式，明代则常见以细线埋入香药内做成绝细线香，若用银丝悬挂着焚烧便称为“卦香”，等等。

不过茶席使用的线香，若能自制更佳。合香如印篆香法，制法是将丸香之蜜或枣汁，改为黏粉或白芨，如香丸法揉制成条索状，粗细由人，阴干之后即可直接烧之。

结语

香事与茶事，分属中国文化中最为精粹的两项，不仅是传统上位者所喜、文人雅士所好，也广及平民百姓；可以供宗教修行，也是日常用物；既是精致文化的代表，同时也是通俗庶民之物。

随着现今茶席与香席的盛行，现代人对于饮茶与焚香，早已不仅是感官的享乐，而是希望通过饮茶、焚香仪式的进行，除了与好友知交之外，更能和缓心情，达到身心的美妙平衡。在此，借用刘良佑教授提出

线香

的品香四德——“品评审美、励志翰文、静心契道、调和身心”为结。

* 本文作者刘静敏，台湾艺术大学书画艺术学系教授。

清宫对六安茶的独爱

产自安徽六安州与霍山县两地的六安茶，汉代就已有记载，至唐朝时小有名气。其名曾为霍茶、瑞草魁、仙芽、天柱茶等，至明代始称六安茶，并沿用至今。明代，在“任土作贡”的制度下，六安茶被列为贡茶。至清代，朝廷向浙江、福建、湖广等各大产茶区征解茶叶，六安茶也列在其中。

岁进六安茶

清朝，六安茶是以两种形式贡入宫廷的，即岁进与年例贡。前者称为岁进六安茶芽，或岁贡六安芽茶。这类贡茶额数大，朝廷对其入贡期限有严格的要求。而后一种贡茶因在时间上不受朝廷的限定，所以原产茶地的茶农等人竭尽所能进行加工，使茶品质优中见丰富。其中“银针茶”仅取枝顶一枪，即茶叶尚未展开的细小嫩芽；“雀舌”，是取枝顶上二叶之微展者；“梅花片”，是择最嫩的三五叶构成梅花头；“松萝茶”虽非正宗产地，是仿安徽休宁加工法而成，依然属上乘茗品。

这些堪称安徽六安州霍山地茶中之冠的茗品，每遇年节，诸如万寿节（皇帝生日）、冬至日、元旦（春节）、端午节等节日，由地方巡抚、总督等有身份的官员将茶进呈宫中。以道光二年（1822）为例，安徽巡抚端阳贡中有“松萝茶一箱、银针茶一箱、雀舌茶一箱、梅片茶一箱” 。年节贡茶相对岁进六安芽茶品种丰富，但入宫数量与岁贡相比微乎其微。两种形式的贡茶，在宫内用途不尽相同，本文述及的内容主要是岁进六安茶。

清朝廷对岁进六安芽茶给予多方的关注。在岁进贡额上，从清初到乾隆时期几度增减，其中波动最大的一次是乾隆元年（1736）因王公分家，按宫规需配供六安芽茶之故，将贡茶猛增至720袋。因朝廷摊派过重，以至于巡抚等官员发出“民力艰难”等语。后为疏解民力而停贡两年，最后以每年400袋，每袋一斤十二两入贡为常。

对于岁进茶品的质量，朝廷明确提出“粗茶不堪内廷应用”的规定。届时地方官严把质量关，精心于雨前极品，即专采新芽中一枪一旗的叶子，经加工后以一斤十二两为单位，装入黄绢袋并予以缄封，最后封贮四大箱中，箱外需以龙纹装饰的包袱包裹，再用饰有龙旗的大杠抬之。

贡茶自谷雨后起运，行程55天内抵京。朝廷在接收各省岁进芽茶中，对于六安芽茶有特别的安排。清初，以六安芽茶送进内库，其余各种芽茶移交珍馐署，给予外藩。至清中期，六安芽茶则直接交与掌管朝廷宴席膳食事宜的光禄寺，再由光禄寺转交茶库。而其他岁进芽茶则交与户部或礼部，再转交茶库。由上可知朝廷对岁进六安芽茶在诸多方面的用心，而这一表现皆因对其有特别需求使然。

六安茶的功效

供帝后日饮的茶，是宫中以月为单位指定妃嫔等人饮用的茶品。清代，由南方进贡的众多芽茶中，产自江苏天池山的天池茶与安徽六安州及辖地霍山县两处产的六安茶，是宫内后妃等人指定的日常饮用的茶品，其中又以六安茶为主。

因六安茶进贡数量有限，宫内嫔妃等人要依身份按额定数量领取。官方所撰《国朝宫史》《内务府现行则例》《奏销档》内分别记有宫内嫔妃等人有关六安茶的份例内容，虽然在供用量上略有出入，但仍可反映用茶的概况。

现以乾隆六年（1741）五月十七日各处应用六安茶数目折为例，供内廷各主位日常饮用：皇太后每月用六安茶一斤；妃每月每位用六安茶十二两；嫔每月每位用六安茶十二两；贵人每月每位用六安茶六两；常在每月每位用六安茶六两；答应每月每位用六安茶三两；果亲王、阿哥、公主每月每位用六安茶四两、二两不等；和硕淑慎公主、和硕端柔公主每月每位用六安茶十二两。

身为天子的皇帝饮六安茶是根据需要随意可取的，在皇帝用的宜兴紫砂窑芦雁纹茶叶罐的盖面上，刻楷书“六安”二字，正是储存六安茶专用的茶叶罐，以供皇帝平素啜饮。在一些文献中，也未见明文规定皇后用茶的数量，由此我认为皇后在饮六安茶上似是与皇帝有同等享用权。

皇家在围猎、谒陵等外出活动中，六安茶也是必带的茶品。如乾隆四十一年四月二十一日，关于驾幸热河备带的丰富物品中，特别提出“上用六安茶八袋”。（中国第一历史档案馆《奏案 05-0325-075》）

除此之外，在宫内能够有幸得到六安茶饮的，就是那些在宫廷相关机构中效力的人。如乾隆三十五年（1770）按照皇帝谕旨，中正殿的画佛喇嘛绘制极乐世界长寿佛四轴，当时人手不够，新添画佛喇嘛一名，宫内给这位喇嘛的饮食份额中就有每月用六安茶二两。此外，景山学艺处也会得到六安茶。

就宫内面对繁多产地的贡茶，却主要以六安茶为日饮茶品而论，其实谜底就在于饮食习俗与茶之特性这两方面。清统治者为满族，入关后在饮食方面仍保留了本民族的习俗。他们喜食奶制品、饮奶茶，尤其在肃杀的冬季，为抵御严寒而增加热量，更是日日肥甘厚味。

如此以来，体内堆积着过量的油脂，需要与之相克的饮品。而当时大众熟知的茶品中，就有一直被传颂有很强的消垢腻、去积滞功效的六安茶，这无疑受到帝后的重视。六安茶也由此在众多贡茶中脱颖而出，成为宫中日饮不辍的茶品。六安茶的这种作用，曾有一实例载于《续金陵琐事》中。当朝御史陈公家中小公子，一日忽闭目，口不出声，手足俱软，急请医生，屡次治疗不见效果，只有孟大夫看后便说：公子无病，只是饮酒、乳过多沉醉而引发的病态。于是浓煎六安茶，给小儿饮数匙后便明显好转。御史见状拍掌大笑说道：得之矣，可谓良医。

其实，受到御史夸奖的这位良医的成功之处在于给患者用对了茶品，是六安茶特有的茶性发挥了作用。用六安茶调养身体的实例，与诸多茶人笔下对六安茶品鉴的结论可谓相得益彰，从客观上或多或少佐证了皇家日饮六安茶，是充分利用六安茶的消滞作用，以保帝后身体的安康为初衷的。

作为赏赐品，这是清宫将普通的茶品赋予了礼仪的性质，以期发挥更大的效用。历来皇帝用赏赐表示君主对臣子的抚慰，以联络君臣感情，而对于受赏者则是人生中莫大的荣耀。六安茶就扮演了这样的角色。

雍正时期，有两位臣子被派往云南，临行前雍正帝御赐六安茶二瓶抵滇。乾隆十七年（1752），学士陈廷敬、叶方蔼，侍读王士正同入内直。

其间皇上数回赐樱桃、苹果及樱桃浆、奶酪茶、六安茶等物，其中的六安茶以黄罗绒封，上有“六安州红印四月复”字样。

皇帝行赏中也有赐予外国使臣的，乾隆五十八年（1793）英马戛尔尼使团来华之际，诸多赏赐物中就有：赏英吉利国王六安茶十瓶，赏英吉利正使团六安茶八瓶。

另外，宫廷临时特供饮食中，也会用到六安茶。雍正八年（1730）定文会试的三场应试的举子食物是，每场供鸡150只、猪肉800斤……还有三种茶，即六安茶20斤、北源茶30斤、松萝茶40斤。六安茶作为赏赐物，承载着皇帝对臣民的厚爱与期望，也体现了清朝对外国以礼相待，同时也印证着六安茶在众茶中是一般人难以求到的赐予之物。

宗教活动用六安茶，这是六安茶在宫内比较特别的用法。其实茶与佛教有着不解之缘，所以有“茶禅一味”之说，这一特点在清宫用的茶品中也有表现。宫内每年的贡茶中有些是由寺院僧人参与制作的，他们要在地方官的监督下进行采摘、加工等，以求得到上好的成品茶。宫内用茶中也有一些茶专门供于佛堂中，成为佛堂供物之一。乾隆、嘉庆两朝，多年在紫禁城雨花阁的大佛堂内上供着龙井茶是为一例。

具体到六安茶，我能够想到的是在宫廷举办的道场活动中，放乌卜藏涉及它。乌卜藏为藏语音译，有天香、神香之意。朝廷在中正殿前殿、养心殿佛堂、慈宁宫花园、大汤山等不同地点，举办不同名目的活动中有放乌卜藏之举，且每一地点燃放的次数频繁。放乌卜藏时，要法使火燃而明火，从中煨出香烟，以享居住在天上的各种神灵，以祈求人间降福，因而乌卜藏配方也是极为讲究的。

合配乌卜藏香一分需：黄速香面三斤，青木香九斤四两，沉香、白檀、香紫、降香、白芸香、柏木香、荆芥各二两，飞金二张，武夷茶、六安茶、黄茶各一钱，宝石末一钱、茵陈二钱、五样干树皮各一钱，桃、柳、桑、槐、楮、丁香二钱，饽饽果子各半盘，七星饼、红枣、核桃、五谷三盒，红谷、白谷、麦子、糜子、黍子、甜香、异香、福寿香、兰花香各二两八钱。

此配方几十种原料中仅有三种茶，六安茶就在其中。配方中的六安茶虽不是主原料，用量也极少，但随着宫内隆重举行乌卜藏的燃放仪式，仍能凸显出它在众多岁进芽茶中特有的功用。

用于配制仙药茶，这是六安茶在宫内的特别用法。以茶当药、以茶入药，是古人妙用茶的一种做法。追溯历史，茶叶被人们初识就是因为它的药性。“神农尝百草，日遇七十二毒，得茶而解之”是对茶叶有很强药性的最好诠释。

关于六安茶的药性，早在唐朝它就在一些人的眼中被视为能消滞物的上好茶品。最为典型的是唐末宰相李德裕，一次得到霍茶（即六安茶），当众命人烹了一碗，随即倒入有肉的食盒内，并盖上盒盖。待次日，开启盒盖后，只见“肉已化为水”，众人观后惊叹不已。这一事情被记录在《玉泉子》中，这对于后人了解、认识六安茶起到了积极的作用。

至明代，人们在品鉴六安茶中，更多地感受到它能助消化、去油腻，打体内积食，可有效缓解进食过饱引起的胃胀等身体的不适。所以，一时成为叫得很响的茶品。“大江以北，则称六安，茶生最多，名品亦振，河南、山陕人皆用之”，并视为“宝爱”之物。明代文人也深有同感地称：“六安茶如野士，尤养脾食饱最宜。”

同时，还有人提出六安茶“入药最效”的观点，明代已将其引入医药领域。通过制中成药或煎浓茶水等形式，治愈疾病。诸如明代汪机撰《外科理例》，所列中成药中有“如圣丸”，此药在服用前要以六安茶煎水送下，用于主治大麻风病。在明代孙一奎撰《赤水玄珠》书所列中成药内有“兔红丸”，此药方中共三味药，六安茶是其中一味，用于小儿服后可免出痘。

清代宫内御医不让明代医家独擅，而是选用六安茶、山楂、紫苏叶、石菖蒲、泽泻等近十味药配成仙药茶。以六安茶为材配制成的仙药茶，在清宫用药中占有一席之地。从《清宫医药与医事研究》的记述中窥知，御医为宫里人看病时经常用到此药茶。如，“嘉庆二年一月十二日，刘进喜请得嫔藿香正气丸三钱，仙药茶二钱一服，二服”“嘉庆二年九月十八日，王裕请得嫔仙茶二钱、二服”“嘉庆十九年十月二十一日，罗应甲请得五阿哥参苏理肺丸一钱，仙药茶一钱调服”“嘉庆二十一年三月十四日，张宗濂请得五阿哥脉息浮缓。系停乳食，外受风凉之症，以该身热便溏。今用正气丸、仙药茶煎服，正气丸三钱，仙药茶五分”“道光四年十月初三，郝进喜请得皇后藿香正气丸三钱，仙药茶二钱，煎汤送下”。

从上述几例用到仙药茶对应的病痛，涉及清热化湿、风寒咳嗽、小儿停乳受惊、浑身发热等症。仙药茶还经常用在调理方中，并配合其他丸药煎汤服用，后妃们经常会用到它。加入六安茶的仙药茶，已成为常用的一种药茶。

清中期，统计岁进六安芽茶在宫中的各项支出，内庭御茶膳房及皇家各寺庙等处每月需用六安芽茶 30 余袋，合计每年需用六安芽茶 400 余袋不等，但每年所进六安芽茶仅有 400 袋，自然呈现出供不应求的状况。

为此宫内采取了相应的措施。乾隆帝提出慈宁宫佛堂、御花园佛堂、景山学戏等处所用六安茶的供给数量俱着减半，其各处办道场及药房配仙药茶等项所用六安茶，也着内务府总管等酌量减半。二是采取补缺法，由清茶房交出普洱等茶 400 余斤替补，但后来填补空缺仍有疑难，索性执行“如额交六安芽茶实不敷用，即以散芽茶补用可也”的新方案。

在宫内经过缩减供给量与其他茶品替代供用的措施下，宫内六安茶供不应求的紧张局面得到了缓解。至清晚期，由于多种原因，尤其是皇帝的家眷成员难以呈现家丁兴旺的局面，所以未出现六安茶不足敷用的现象。

值得提出的是，就在宫内外青睐六安茶时，也有人们排斥它。曾有学者道出原因：当地茶农不擅炒制，致使茶叶不能发香而味苦。还有一些品茗人对其茶味苛求，以至于在有些谙达茶道之人的笔下，六安茶不入极品之列。

而最有代表性的还是《红楼梦》小说中的贾母，她在栊翠庵向妙玉要茶喝，当妙玉将成化窑的五彩小盖钟捧与贾母时，贾母道“我不喝六安茶”。妙玉笑说：“知道，这是老眉君。”所以贾母欣然吃了半盏。这些事例在客观上表明，对某种茶叶的评定，是受时代风习、人们对茶叶的认识、饮用需求等多种因素制约的。

当年清宫在时人对茶叶认识的基础上，本着养生之道，择六安茶为日饮茶品，进而将其渗透到医药、宗教等诸多领域中，六安茶也由此伴随着宫廷生活 200 多个春秋。

* 本文作者刘宝建，北京故宫博物院研究员。

茶器：烹煮点饮嗅茶香

茶經卷上

竟陵陸　羽　撰

一之源　二之具　三之造

一之源

茶者南方之嘉木也一尺二尺迺至數十尺其巴山峽川有兩人合抱者伐而掇之其樹如瓜蘆葉如梔子花如白薔薇實如栟櫚葉如丁香根如胡桃瓜蘆木出廣州似茶至苦澀栟櫚蒲葵之屬其子似茶胡桃與茶根皆下孕兆至瓦礫苗木上抽其字或從草或從木或草木幷從草當作茶其字出開元文字音義從木當作梌其字出本草草木幷作荼其字出爾雅其名一曰茶二曰檟三曰蔎四曰茗五曰荈周公云檟苦荼楊執戟云蜀西南人謂茶曰蔎郭弘農云早取爲茶晚取爲茗或一曰荈耳其地上者生爛石中者生櫟壤下者生黃土凡藝

古代茶事中的水与器

水、器之于茶事，或有比一为茶之母，一为茶之父，细想，也有些许道理。水几于道，不仅老子这么说，孔子曾观东流之水，从中总结出九德，或曰十一德，这么说来，水与器，有可能演绎成道、器的关系了。

茶之水

水与茶的关系，明人的论述最为精当，张大复《梅花草堂笔谈》云："茶性必发于水，八分之茶，遇十分之水，茶亦十分矣；八分之水，试十分之茶，茶只八分耳。"

许次纾《茶疏》曰："精茗蕴香，借水而发，无水不可与论茶也。"

张源《茶录》总结："茶者水之神，水者茶之体。非真水莫显其神，非精茶曷窥其体。"

茶之水，分鉴水和候汤两个层面。鉴水是关于水的选择，候汤是烹饮之前煮水温度的掌握。

宜茶之水，首重的是一方水泡一方茶。各产茶地的泉水不在于是否著名，但用当地的泉水烹当地茶，对茶优点的发挥，绝不是外地的名泉所能比拟的。

正如唐人张又新《煎茶水记》所云："夫茶烹于所产处，无不佳也，盖水土之宜。离其处，水功其半，然善烹洁器，全其功也。”最著名的配对要算虎跑泉与龙井茶。虎跑泉现在成为如此著名的旅游点，人流如梭，周边环境已大为变化，我估计那水也已经不复当年了。其实龙井茶和泉的交集不在虎跑，而在龙泓。龙泓是龙井的古地名，看此名称就知道当年是一汪泉水，此事在杭州的地方志记载甚详。

烹茶用水之外，古时也很讲究制茶用水，如宋代作为贡茶产地的建州北苑，有专用于制茶的御井；元代贡茶产地武夷山天游峰下的御茶园，也有专用于制茶的通仙井，其井水可能除了当年作为贡茶的建茶，其他茶类是不能用的。

精于论茶的人，几乎都精于论水。爱茶的皇帝中最有名的大概也就是前有宋徽宗，后有乾隆了。我更倾向于宋徽宗是真懂茶的，从他的《大观茶论》可以看出。此书不但对茶的采、造、点、饮，论述精妙，而且对水的论述也很有创意。因此后人甚至认为此书不可能是宋徽宗所作，因为书中对茶的兴废之论，极为辩证而客观，不像风流君王之口吻。

宋徽宗谓“水以清轻甘洁为美，轻甘乃水之自然，独为难得”，我于此喜“清”“甘”二字。清者本已含洁，而轻者，则难以衡量。若乾隆，则取轻为水之至善，曾说玉泉山水为天下第一，理由是乾隆让人用银斗衡量玉泉山水与其他地方泉水的重量，其结果是玉泉山水最轻。

乾隆《玉泉山天下第一泉记》载：

> 尝制银斗较之，京师玉泉之水，斗重一两；塞上伊逊之水，亦斗重一两。济南之珍珠泉，斗重一两二厘；扬子江金山泉，斗重一

两三厘，则较之玉泉重二三厘矣。至惠山、虎跑，则各重玉泉四厘，平山重六厘；清凉山、白河、虎丘及西山之碧云寺，各重玉泉一分。然则更轻于玉泉者有乎？曰：有，乃雪水也。尝收集而烹之，较玉泉斗轻三厘；雪水不可恒得，则凡出山下而有洌者，诚无过京师之玉泉，故定为天下第一泉。

以今之度量器观之，清代之容积为一两的斗的精密程度，要想区别出同样体积、不同地点的水的重量，显然是不可能的，且当是看一场行为艺术的表演吧！

要说谁轻，可能是纯水最轻了，也就是我们物理学上说的每立方厘米一克比重的水，是一克标准重量的来源。这是纯水，不含任何杂质，自然也不含任何溶于水的矿物质。自然界到处存在的都不是纯水，其比重都大于纯水。我们所重视的矿泉水和泉水，通常都有不少的矿物质溶解在其中，而我们所谓的泉水有甘甜或咸的感觉，恰恰就来源于其中矿物质的存在。所以，以轻而定泉水之高下，显然是有问题的。

乾隆此论可取者唯“凡出山下而有洌者”一句，一则说了水出于山下，二则说了一个“洌“字。

说水之清洌，印象最深的是柳宗元的《小石潭记》的一段：“下见小潭，水尤清洌……潭中鱼可百许头，皆若空游无所依。日光下彻，影布石上……”用“皆若空游无所依”来写水之清，可谓极尽状物写景之妙，从此对形容水的“清洌”二字，耿耿在心了。

而明人田艺蘅《煮泉小品》论水则用“清寒甘香”四字，谓“清，朗也，静也，澄水之貌。寒，冽也，冻也，覆冰之貌。泉不难于清，而难于寒。其濑峻流驶而清，岩奥阴积而寒者，亦非佳品”。又谓“甘，美也，香，芳也。……惟甘香，故能养人。泉惟甘香，故亦能养人。然甘易而香难，未有香而不甘者也。味美者曰甘泉，气芳者曰香泉，所在间有之”。

详考古人论水名言，如“清轻甘洁”，如“清寒甘香”，又宋唐子西谓“水不问江井，要之贵活”，或苏子“活水还须活火烹”，究之于物之理，取“清冽甘活”四字为择水之要。

清者，无色、透明、无杂质，为眼鉴之清，此基本要求。若于此不可得，则可舍之。嗅之于鼻，其气清爽，犹古人言气芳者，断不可有异味，此鼻鉴之清。尝之于口，味甘不杂，此口鉴之清。

冽者，凉也、寒也。手触之而凉体，口含之而醒心。大凡泉水始出于山麓石隙，多冰凉者。若温温然者，舍之亦可，为何？从卫生角度，低温则有利于抑制微生物生长繁殖，而如果我们感觉到的水是温的，大凡也有利于微生物细菌的繁殖，则此水即使清，也未必卫生，即今所言干净而不卫生，因为极可能有肉眼不可见的细菌已经有效地在其中繁殖了。或者可能水在石中缝隙本也寒冽，但由于出水处，或蓄水处的地理原因，如日照强烈等导致水极容易升温，此亦当谨慎取用。但凡如流动性很强的活水，也不容易为外因导致升温。

甘者，味之美也。我们通常说纯水是无色无味的，可是我们取自自然界的水都不是纯水，因为有各种矿物质溶解其中，难免导致口感的偏差，或咸（如崂山矿泉水）或涩，或苦或酸，于烹茶皆不可取，可取者，唯甘一味。甘不完全等同于甜，更不能是有含糖的甜的感觉，所以古人但云“味之美者”，是一种很舒服的口感，叫回甘固然可以，称有点甜也对，总之是水内在的矿物质对口腔味蕾形成的良好的反射感觉。

活者，流动之水也，陆羽《茶经》中说的“使新泉涓涓然”“井，取汲多者”，也都是强调水要活的。再好的水，如果淤积，不流动，就容易导致各种微生物滋生，同时，不能流动的蓄水环境，由于水不能一直冲刷，带走不干净的物质，所以也不可能是取水的好地点，不论是泉水、井水，活水意味着是鲜水，是最少被污染的水。

活水，又以刚从石隙中渗出者为佳，就是陆羽《茶经》中说的乳泉，也被喻为石乳，确实是一等好水！《煮泉小品》认为“泉非石出者必不佳”，说的是同一道理。大凡此水，又以出于半山特别是山麓者为上。盖因山上之水，如雨水，入土壤后，又慢慢渗入岩石层，经岩石层的过滤，同时溶解了岩石内的微量金属元素和盐类，实际上形成了矿泉水。而渗透的岩石越深厚，则矿物质含量越丰富。

当然，矿物质含量多也不是一味的好，也是一分为二的，有益于人者，有无益乃至有害于人者。钙、镁是最容易被水溶解的两种矿物质，但当钙、镁含量过多时，就是硬水，硬水虽也是含矿物质丰富的水，可不是什么好水，是肾结石、胆结石的祸根之一。

有不少泉水流出或涌出之处，都会形成一个坑、潭或井，越是这样的取水地点，越要注意活水的问题，只有不断溢出、流动的泉水，在水质上才有卫生的前提。取水，一定要尽量取靠近泉水的源头活水，如果泉水已经在地表流出很远，沿途的污染就会增多，很难说是否有看不见的污染物溶入水中。此亦取水之要点。

水之清、冽、甘、活，与清人梁章钜论武夷岩茶之清、香、甘、活，仅一字之别，唯其理或有可通者，如“清”字、“甘”字；或有不同者，如“活”字。概言之，清、甘、活，为茶事之首务。

陆羽精于鉴水，张又新《煎茶水记》中记载的陆羽品鉴的二十处分为二十等之水，庐山康王谷水帘水第一，无锡县惠山寺石泉水第二，扬子江南零水第七。到如今，只有惠山寺的泉水因为一曲《二泉映月》仍然著名，虽然泉水早已干涸。而历史上更著名的两则鉴水的故事，其一就是陆羽鉴别南零水的，另一则是《警世通言》中编写的王安石和苏东坡关于中峡（瞿塘峡）水的故事。这两则故事都事涉无稽，编的人智商不高，信的人就更堪忧了。

候汤之难

“候汤”，是另一个被讨论得很热闹的话题。北宋著名的茶专家蔡襄（对，就是那个仅被认为是书法家的蔡襄），在他著的《茶录》中就说“候汤最难”。候汤最难，牵涉两个方面，一是和茶的烹饮方式有关，二是和煮水的器具有关。

候汤理论，来自陆羽《茶经》中提出的三沸论：“其沸，如鱼目，微有声，为一沸；缘边如涌泉连珠，为二沸；腾波鼓浪，为三沸；已上，水老，不可食也。”

这是《茶经》中很重要的一段候汤文字，对后世煮水烹茶影响甚大，其初沸、二沸、三沸之说，可谓深入历代文人之心，后之煎水，基本上围绕着三沸论，当然，有所发展是难免的。

到了晚唐的皮日休，又新创蟹目一说，皮日休《煎茶诗》云：“时看蟹目溅，乍见鱼鳞起。”我们谁也不能肯定诗中“鱼鳞”是否代指“鱼目”，但此后宋人笔下蟹眼、鱼眼可就是成对出现，而且很明确是前后关系了，举几个宋人大腕的文字做个佐证：

苏轼《试院煎茶》诗：“蟹眼已过鱼眼生，飕飕欲作松风鸣。”

黄庭坚《奉同六舅尚书咏茶碾煎烹三首》诗：“风炉小鼎不须催，鱼眼长随蟹眼来。”

虞俦《以酥煎小龙茶因成》诗：“蟹眼已收鱼眼出，酥花翻作乳花团。”

元人王桢《农书·茶》云：“当使汤无妄沸，始则蟹眼，中则鱼目，累然如珠，终则泉涌鼓浪，此候汤之法。”这则是对宋元点茶候汤的总结了。

宋人说到候汤难，还有一个重要的原因是唐宋人喜欢用汤瓶煮水点茶。我们从河北宣化辽墓壁画就可以看到当时煮水的场景。汤瓶通常口小颈长，观察接近沸腾的水很不方便。从唐代以来，随着茶叶加工和饮茶方式的变化，煮水的茶具也随之演变。煮茶为主的唐代以釜、铛、铫为主。点茶滥觞于唐末，盛于宋而止于明初，此时的煮水器除釜、铛、铫外，又出现了汤瓶、注子、急须等，而材质则包含了金属、陶瓷、石质等。与煮水配合的火源，曰茶灶，曰风炉，曰燎炉。

灶通常是不可移动的，而且有烟囱，古代称为“突”，“曲突移薪”讲的就是灶的故事。但茶灶的烧水量不大，又演变成类似炉子一样可以移动的物件，区别是灶门大而出延，因为燃料用柴；炉门小而无延，仅用于通灰漏烬。如果说唐陆龟蒙《奉和袭美茶具十咏》中的《茶灶》是指蒸茶杀青所用的灶，那么宋梅尧臣《茶灶》诗则肯定是煮水的灶了：

山寺碧溪头，幽人绿岩畔。
夜火竹声乾，春瓯茗花乱。
兹无雅趣兼，薪桂烦燃爨。

同样说明问题的还有张耒的“笔床茶灶素围屏，潇洒幽斋灯火明”，是幽斋中的茶灶。

其实，陆龟蒙真正的潇洒，就是《唐才子传》所云：“放扁舟挂篷席，赍束书、茶灶、笔床、钓具。鼓棹鸣榔，太湖三万六千顷，水天一色直入空明。”这茶灶一定是煮水的。

炉在唐宋茶事中更为常用，陆羽《茶经》中风炉位列诸茶器之首。至于为何叫风炉，到了晚唐的人都已经不知道了。“风炉”这个名词似乎是陆羽首用，宋明时人偶用于诗文，如黄山谷诗：“风炉小鼎不须催，鱼眼长随蟹眼来。”风炉之名反而在邻国日本的茶道中一直沿用着。

唐宋时期仍存在着一款最有古风的无须炉灶而能煮水的器具——铛。铛和鼎是同一器物，在语音的变化中形成了两个名称，其实是同出而异名，都是上古的三足炊煮器，可立地生火。后来鼎成了庙堂之器，而铛则代表乡野之器，大凡唐宋和茶有关的诗文中所说的茶鼎，都是指茶铛，比如陆龟蒙的《茶鼎》诗：

宋代铁铛，藏于福建省尔雅茶文化史博物馆

新泉气味良，古铁形状丑。
那堪风雪夜，更值烟霞友。
曾过赪石下，又住清溪口。
且共荐皋卢，何劳倾斗酒。

《唐书·王维传》说王维“斋中无所有，惟茶铛、药臼、经案、绳床而已”，《唐才子传》载白居易“茶铛、酒杓不相离”，诗文咏茶铛的更不胜枚举，可知铛是当时非常重要的煮水器；宋代李公麟的《山庄图》中，也仍有在山野中使用铛煮水的画面，画中的铛和闽北出土的宋代铁铛如出一辙。

铛在历史演变过程中，根据使用需要，出现了方便出水的“流”，然后又加上了柄，在此基础上又继续演化出了无足铛或称折脚铛。在上海博物馆藏宋人摹本《莲社图》中，我们看到的这种无足铛，已经和苏东坡《次韵周穜惠石铫》诗中的一种叫铫的煮水器高度相似：

> 铜腥铁涩不宜泉，爱此苍然深且宽。
> 蟹眼翻波汤已作，龙头拒火柄犹寒。
> 姜新盐少茶初熟，水渍云蒸藓未干。
> 自古函牛多折足，要知无脚是轻安。

苏东坡用“函牛折足”和“无脚轻安”来隐喻这是无足器，结合“龙头拒火柄犹寒”一句，就是《莲社图》所绘的器形。

那么图中所绘的到底算什么呢？如果是无足铛，那么为何苏东坡诗中的铫和它如此相似呢？这就要对铫的历史做个追源溯流的梳理工作。

铫是先秦就有的器物，它的命名，按中国古代一本专门从发音解释

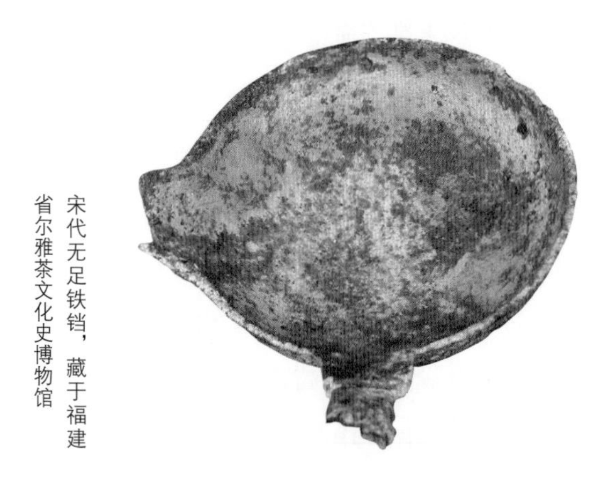

宋代无足铁铛，藏于福建省尔雅茶文化史博物馆

宋代石铫，藏于福建省尔雅茶文化史博物馆

字义的著作《释名》的解释原则，就是“铫者，吊也”，和铛立地吹煮的方式相反，铫是吊挂着烧，民间至今仍有吊子的俗称。吊烧的铫和立烧的铛，都很适合野外使用，无足的铫尤其方便军旅携带，成了汉代以前军旅中人人必备的装备。

如果说铛可以理解成是釜（也就是俗称的锅）加三足，那么铫就是釜加提梁。而这种釜又有一个名称叫作鍪，鍪是一种深腹的釜，很像是头盔的形状，头盔也有另一个名称叫兜鍪，而铫恰恰像个倒置的兜鍪，或换一种叫法，铫也就是吊兜鍪，这个词，一直被记录成刁斗或刀斗。

“刁斗”这个名称汉以后基本仅见于文人怀古的诗咏中，原因是在使用过程中，它的形制也在逐步发生分化，甚至唐宋时期的人已经无法描述刁斗是怎样的一件东西。虽然铫这个名称还在使用，原始的器形也依旧存在，但人们已经无法把铫和刁斗联系起来了。因为，就像铛在后来演变出长嘴的“流”一样，铫在唐代也出现“流”，就像刘松年《撵茶图》风炉上的那件器物。

从沈括的《忘怀录》我们知道，这时期还有专用的食铫，保持原始器形的就是食铫，而茶铫出现流，也是为了出水方便。福建省尔雅茶文化史博物馆藏汉代铜铫和唐代铜铫，也就是刁斗，沈括记载的食铫，应该都是这种形状。台北故宫博物院藏的宋金时期的定窑瓷铫，是两宋茶铫的一个标准形制，和刘松年《撵茶图》中的铫也是一样的。

与此相类似的是“急须”，这是宋明时期江浙一带的地方性名词，北宋杭州人沈括的《忘怀录》中就记载了“急须子”，北宋黄裳在《龙凤茶寄照觉禅师》诗中自注得更明白：

汉代铜铫，藏于福建省尔雅茶文化史博物馆

唐代铜铫，藏于福建省尔雅茶文化史博物馆

有物吞食月轮尽，凤翥龙骧紫光隐。
雨前已见纤云从，雪意犹在浑沦中。
忽带天香堕吾箧，自有同干欣相逢。
寄向仙庐引飞瀑，一簇蝇声急须腹。
禅翁初起宴坐间，接见陶公方解颜。
颐指长须运金碾，未白眉毛且须转。
为我对啜延高谈，亦使色味超尘凡。
破闷通灵此何取，两腋风生岂须御。
昔云木马能嘶风，今看茶龙堪行雨。

宋代急须，藏于福建省尔雅茶文化史博物馆

急须随着茶事的东传，也传到了日本，在日本被写作“急烧”。而在中国，明代以后连“急须”一名也基本不见使用了。在更多地区，这种器物是被称作砂铫或瓦铫，比如潮汕一带。

而这个地方性别名为“急须”的铫，和两宋时期点茶中最常用的一种水器——汤瓶，又有很深的渊源关系。汤瓶也称茶瓶，唐代就已经出现，其作用在唐宋时期一直是茶酒合一使用的，标准器形是前嘴后鋬。这时期还有一种前嘴侧柄的瓶，通常称为注子、注瓶，是更专业的茶具，台中自然科学博物馆所藏的一套唐代石质茶具中,恰巧包括了两种专业器形。

看到宋代的汤瓶实物，就不难理解为何喜欢用汤瓶煮水的蔡襄会说“候汤最难”。汤瓶这种造型，在明初点茶法退出历史舞台后，还继续保留着它的酒壶的使命。而注瓶这种造型，已经和侧柄铫子合二为一，同时兼并了无足铛的造型。这种事物发展的趋同性，是在使用功能的引导下进行的。苏东坡笔下的石铫和无足铛合一，就不难理解了。

铛、注瓶和铫，在使用功能和名称上都遗传给了潮汕的砂铫，而紫砂壶，在明代也是叫砂铫的。

唐代石质茶具，藏于台中自然科学博物馆

宋代青白瓷汤瓶，藏于香港泰华古轩

宋代侧柄瓷铫，藏于福建省尔雅茶文化史博物馆

*本文作者余闻荣，福建省尔雅茶文化史博物馆馆长。

茶席密码

近年风行于收藏界及设计界的茶席美学，除了茶人风格各异的素养及审美趣味，其中最关键的，我以为是事茶经验及符合人体工程学的逻辑。

杯与客数

和潮州工夫茶的三杯，香港工夫茶的四杯，日本煎茶道的三杯或五杯不同，中国台湾茶界自20世纪90年代约定俗成以六杯作为茶席推广的基础形式。2012年来京，我初次体验了一群普洱茶文化从业者推行的七杯茶法，深深感受到南北民情的不同带来茶汤浓淡用量的差异。

《茶经 · 五之煮》："凡煮水一升，酌分五碗（碗数少至三，多至五。若人多至十，加两炉），茶性俭，不宜广，广则其味黯淡。且如一满碗，啜半而味寡，况其广乎！"据吴觉农先生诠译，当时的茶因可溶物有限，故不适合多人共饮。人多时用两炉茶，宜三宜五不宜多。

《茶经 · 六之饮》更进一步说明："夫珍鲜馥烈者，其碗数三；次之者，碗数五。若坐客数至五，行三碗；至七，行五碗；若六人以下，不约碗数，但阙一人而已，其隽永补所阙人。"每每读此，总想起利休请德川家康共饮一碗浓茶的情境，那个人人难以互信的年代，同盏共饮需要很大的赌性、气魄及勇气。但不知陆鸿渐为何不主张依茶客数量给足杯数，非得五人传三碗用，七人传用五碗。我屡次在茶课上试验了趁热传饮一碗茶，确实突破了都市人难以互信的心防。

杯与托的组合

中国传统器具多以十为件，文人则崇尚奇数，尤好三、五、七，并间接影响了日本茶器审美。近年国内茶人喜欢使用从日本回流的煎茶道具，其中杯与托多为五件，在茶席设计上不妨运用两组做不同视觉组合。譬如六人席时可用三三、四二、五一组合；七人席可用三四、五二组合；八人席则可尝试四四、五三不等；其他数以此类推。

双壶双盅、双壶单盅、单壶双盅

清代日本煎茶嗜好者向中国宜兴订制适合煎泡绿茶用的小壶，其中被《茗壶图录》作者奥兰田归类为“别种”“奇品”的具轮珠，将传统宜兴壶的球体、炮口直流等特色融入壶体，展现了拙朴静雅的素直风格。其出水直接、快速、不温吞的个性，极适合绿茶茶汤的表现。专为煎茶道而生的小型对壶，每壶约 120 毫升，其中一把为“水冷”，即冲点绿茶前降温专用。

清人翁辉东《潮州茶经》：“茶壶，俗名冲罐……宜小不宜大，宜浅不宜深，其大小之分，更以饮茶人数定之。爰有二人罐、三人罐、四人罐之别。”壶小能酿味，益留香，故深受潮州工夫茶嗜好者喜爱。尤以去盖浮水覆壶而口嘴提柄皆平的三山齐“水平壶”，最得传统茶人之心。喜好小壶的老茶人一旦遇见多客共席时，可同时运用双壶单盅事汤。遇见同型不同材质的壶，也可尝试双壶双盅泡法，譬如白瓷对紫砂、玻璃对白瓷、金对银、朱泥对紫泥等。

崇尚大壶大杯的北方茶人，也可运用潮州工夫茶来回点注茶汤的逻辑，配合双盅同时向左右两侧茶客送汤，可避免传统茶席顾前顾不及尾、顾左顾不及右的流弊。

茶席巾的尺度

自 20 世纪 80 年代起，泡茶比赛俨然已是台湾茶界年度流行的风向标，茶席规格由陆羽茶车渐渐解放至一块席巾定天下。在没有特定的茶桌设计之前，为了掩饰折叠桌的呆板，茶界喜欢用一块布上下前后覆盖，在夏季的南方显得保守溽热。茶席巾逐渐由桌上西方餐垫的规格演变成席地的长方草席大小，进而在国画长卷的影响下，开展了右手收纳过去，左手指向未来的“长卷”茶席美学。举凡墙上贴的壁纸、窗上挂的纸帘、传统手织的麻卷、横空由梁柱飞下的水墨、老和服腰带，都能入席。中国当代茶席的想象空间，从此进入驰骋万里的自由时代。

长桌的茶席巾需要特殊的规格，在国画长卷的影响下，开展了右手收纳过去，左手指向未来的『长卷』茶席美学

壶承的定位

壶承在茶席中代表菩萨的莲座，应置放在正对茶人鼻梁的位置。犹如琴人安坐在四五徽前，右撇子的茶人尽可能把壶承定位在茶席巾舞台略偏右方的位置，左撇子则偏左而置。一如静物写生时会避免将主角直接放在画布正中，留有余地给其他角色。

茶盅与壶尽可能同手同侧，我常提醒茶人“左手管理左侧的事，右手执行右侧的活儿”，以鼻梁为中心点，让左右手各司其职，小至一块茶巾，大至日常生活作息，培养良好的思维逻辑，遇见突如其来的恼人事件，也能以最高的效率解决。

炉与水方

炉是茶器中最具生发力的角色，故应放置在安隐临墙的角落。体积大时尽量席地而放，或置于低于茶桌的几凳上；体积小至白泥凉炉则可立在茶席上，搭配炉屏可让视觉更安定。一如小平米数的空间，装饰时尽可能不转换太多元素。故在小小的茶席空间，建议将类近的素材集中摆设，譬如火炉与水方可用同色素材，红铜水方配老花梨木火炉；或是订制同样釉色的陶器，让视觉更协调。

平日习惯右手执壶的茶人，不妨多练习左手注水，让视觉更趋平衡。若遇上室内炉座必须安置右侧，或是使用老式右手侧把烧水壶时，可开启左手执壶泡茶的练习，左右手能自如运行茶事是当代茶人极重要的修习。

炉是茶器中最具生发力的角色，故应放置在安稳临墙的角落，白泥凉炉可立在茶席上，搭配炉屏可让视觉更安定

茶则组与茶仓

茶则与茶匙若是相同材质，则尽量在匙置上费些趣味心思，譬如捡自戈壁上的随形小石、具有特殊记忆的珠宝配饰等。晋人顾恺之善画佛像，刘义庆在《世说新语·巧艺》中形容他为画中人物点睛："四体妍蚩，本无关于妙处，传神写照正在阿堵中。"茶席中的点睛之器，往往就是这微小的匙置趣味。

茶仓在上下两席的茶会中，可选用高低宽窄不同的容器。宽者可收条索茶，窄者可纳球形乌龙。高低不同的设计则像房屋组合，有当代建筑的装置趣味。若是传统的日本牙盖茶入，则可搭配象牙茶匙，材质统一的茶席气场强大而安静。

壶嘴与流的角度

常听到茶人问烧水壶壶嘴角度朝向问题，其实茶席上冲茶壶及茶盅流口的角度也应一并思考。建议左侧的壶嘴朝向正右方，或朝正北；右侧的流则朝正左摆放，视觉上较安静。在传递茶盅时若不确定茶客左右手的习惯，可将流口朝正北摆放。

茶花的影子

传统中国茶事多在文人书斋进行，一如文徵明的《品茶图》，主客在山边书斋寒宵兀坐，桌上摆置一件如人脸般大小的明代紫砂壶，侧屋的童子在专注茶役。有别于日本茶室茶花专属的“床之间”，中国并无固定角落摆设茶花，大多是安在房中一隅的花几上，或是供在挂墙的壁瓶上。当代的茶花器，可考虑选择与茶则组、水方或茶仓同一材质色系，摆放在茶席左侧或右侧，并借由灯光投影以强调花影的意境。

明人冒辟疆《影梅庵忆语》：“秋来犹耽晚菊，即去秋病中，客贻我剪桃红，花繁而厚，叶碧如染，浓条婀娜，枝枝具云罨风斜之态。姬扶病三月犹半梳洗，见之甚爱，遂留榻右。每晚高烧翠烛，以白团回六曲围三面，设小座于花间，位置菊影，极其参横妙丽，始以身入。人在菊中，菊与人俱在影中。”冒襄独有的花影审美趣味，启发了我在剧场茶会茶席上花影延伸的视觉意象。

茶人的服装

茶席的主色，可选择与茶服相衬，茶服也可视为茶席的延伸，有点像摄影中的背景板。透过镜头，茶服在茶序中频频入镜的是胸前领扣及袖口。领子尽量不要太强调扣子，宜高不宜低，或用素色围巾掩饰繁复的设计。

袖口则以长以窄为便，以不露为性感最可醉人。夏天着无袖衣款时可披着纱巾增加层次感。席地盘坐时女茶人可考虑长宽裙，可掩饰腿型，并以长袜或连身袜为佳，或备室内软质布鞋。

* 本文作者李曙韵，台湾著名茶人，摄影蔡小川。

寻找武夷建盏

在成书于16世纪前期的《君台观左右帐记》中，曜变被认为是“建盏之至高无上的神品，为世所罕见之物”。

天价建盏中的斗茶想象

2005年的厦门春拍，一只曜变天目盏拍出1300万元的天价，创下当时天目盏拍卖的纪录。武夷山市收藏家协会副会长晁宏芳说，学界探究“天目”之名的起源，大抵认为，是宋代有一批日本僧人在浙江天目山一带的寺院学禅，在当地得到茶盏，回去后因不清楚这黑釉茶盏产自何处，便以取得的地名来命名。后来，天目盏就成了黑釉茶盏的代名词，尤以出自建安（今福建省南平市建阳区）建窑的“建盏”为代表。依晁宏芳个人的理解，从仿生学角度看这个名字也很形象：建盏黑色釉面上的白色斑点，就像天上的眼睛。

从当时公布的资料来看，这件天价天目盏正是出自建窑，断代为宋，由海外回流而来。晁宏芳有多年的建盏收藏经验，他说建盏之所以名贵，首先是因为用作胎体的建窑周边瓷土的含铁量高，称“铁胎”，烧造温度在1150至1250摄氏度之间，一次性入窑烧成，炉温难以控制，因此成功率只有20%左右。

烧制成功的建盏呈现出一种犹如夜空一般沉静的黑，光亮而不刺

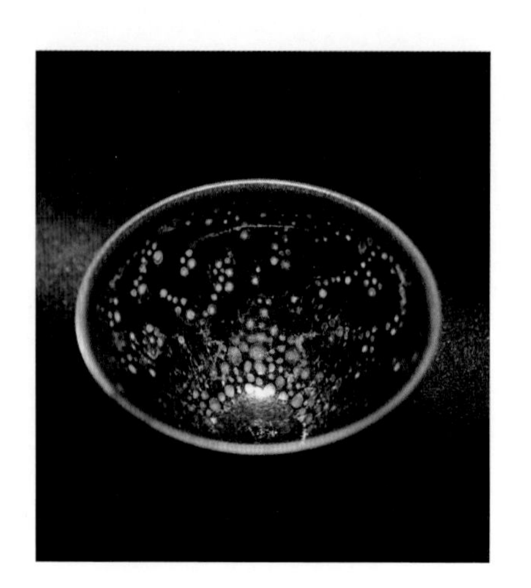

日本大德寺龙光院藏国宝曜变天目［左图］

日本静嘉堂文库美术馆藏国宝曜变天目［右图］

眼，庄重沉稳。建盏采用正烧的方式，所以口沿釉层较薄，而内底聚釉较厚。外壁往往施半釉，以避免在底部产生粘窑的现象，釉在高温下有挂釉现象，形如泪滴，也称“珍珠滴”。与那些精致谨慎的器物相比，它更有一种粗疏自然的亲切感。宋代是一个理学主导的时代，建盏黑釉所散发出的端庄而略带神秘的美感，正迎合了那个时代的审美意识。此外，由于釉料的不同，窑内温度的细微变化，釉面呈现出的纹理也是变幻万千。

最普遍的一种是“兔毫盏”，盏中遍布金色或银色的条状结晶纹，细如兔毛，上浓下淡，渐至消失。此外还有“油滴斑盏”“鹧鸪斑盏”等，烧造难度更大，也更珍稀。而“曜变”盏，则是在黑色底釉上聚集着许多不规则的圆点，圆点呈黄色，周围焕发出彩虹般绚烂耀眼的光芒，而且随着观察方向的不同，曜斑也发生变化，垂直时呈蓝色，斜看时闪金光。

晁宏芳说，曜变之所以难得，是因为它是从数十万或百万个黑釉盏中偶然产生，无法人为预设。在成书于16世纪前期的《君台观左右帐记》中，曜变被认为是“建盏之至高无上的神品，为世界所无之物”。目前世界上仅存四件曜变天目，均珍藏在日本的博物馆，其中三件被定为日

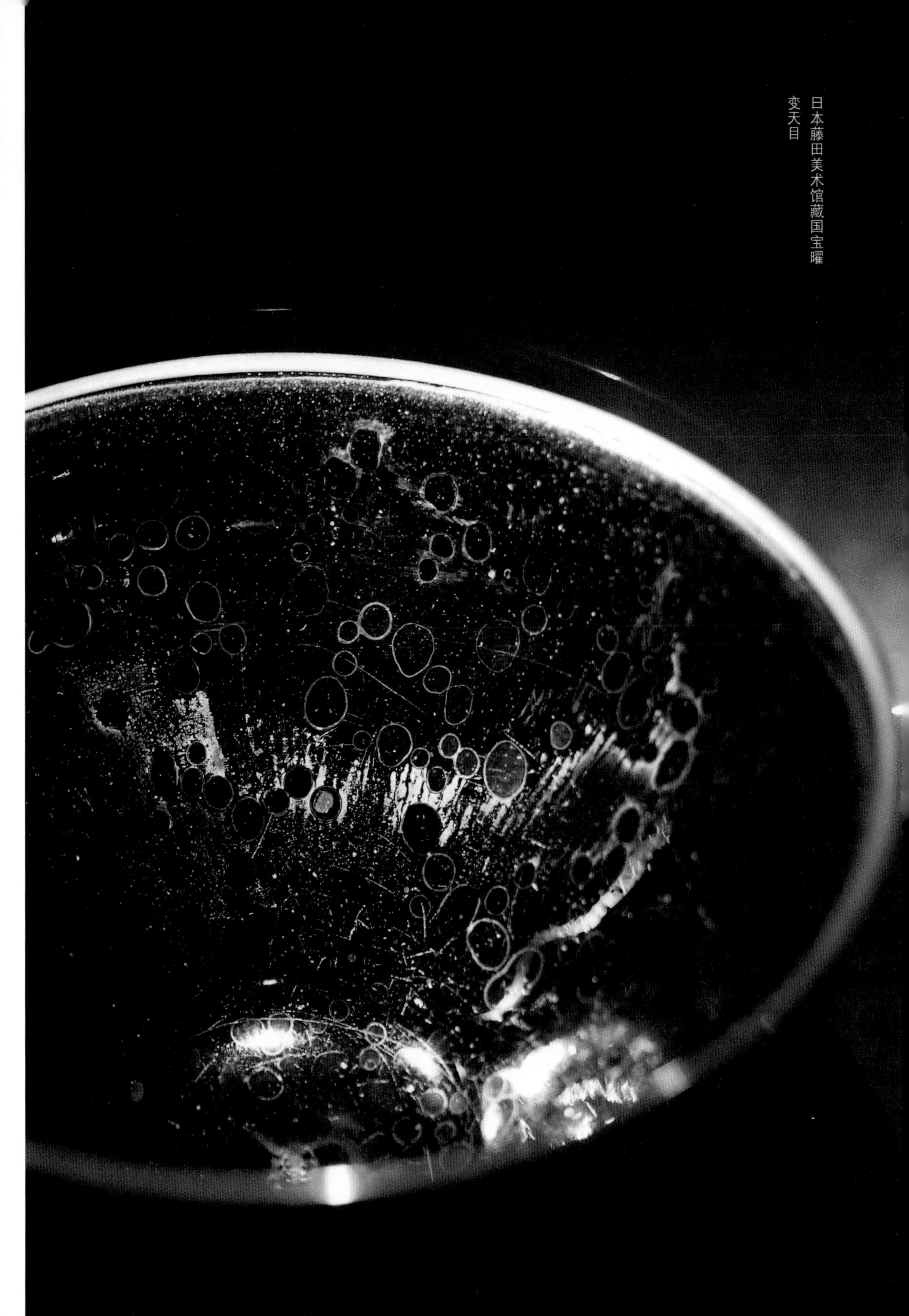

日本藤田美术馆藏国宝曜变天目

本的国宝级文物，一件为重要文物。因此，2005年这件曜变天目盏的现身，自然激起了藏家的购买欲，据说拍得的是一位日本商人。

凭借身处建阳周边的便利，晁宏芳自20世纪90年代初就开始收藏建盏。他多年的成果大多是残片，少数几个是完整器，底足带阴刻“供御”字样的完整器就更少了。他说，这是上贡给皇帝用的茶盏。当时建盏接受官方订货，所谓“官搭民烧”，挑选外形较好的生坯，釉色比普通的含熔剂少，氧化硅的分子也较少，烧好后比普通民用的要更精致。“供御”建盏大多出现在北宋中期至南宋中期，也是点茶法的极盛时期。

晁宏芳手中的建盏大小、形制相差无几，盏口直径大都在11厘米到12.5厘米之间，口大、斗深、胎厚，是当时的“标准器”的特质。

但12厘米直径的建盏，已经不太适合现在的工夫茶饮法。晁宏芳也主要拿来观赏，偶尔一用。他说，春秋季用不上；夏天很热，茶是三

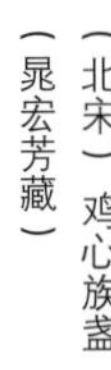
（北宋）鸡心族盏
（晁宏芳藏）

（南宋）油滴盏
（晁宏芳藏）

分解渴七分品，建盏的大小正好派上用场；冬天拿来喝老茶，因为老茶不像新茶那样要观色，而建盏壁厚，茶汤久热难冷。

器与窑的共生

我们到了建阳才知道，那件百年不遇的曜变天目盏以 1300 万元的天价落槌之后，备受业内人士质疑。后来又引出一个内幕：当时请了七位专家鉴定，其中一位专家最终拒绝在那份鉴定书上签字，那位专家就是建阳博物馆前馆长、时任建阳市旅游局局长的谢道华。谢道华参与建阳境内的考古工作近 30 年，包括建窑的历次发掘，对建窑和建盏再熟悉不过。

“我一看那东西味道就不好。”谢道华说，这种东西前几年建阳市面上就能见到,甚至他都能认出是从哪一家作坊出来的,用的是什么手法。

谢道华说，建窑其实是由现在建阳水吉镇方圆十余里内的若干“龙窑”组成的，创建于晚唐、五代时期，兴盛于两宋及元初，元代中后期趋于衰落,明代停烧。1989年,他刚工作不久就来到这里，一住就是四年，参与了这里十几座窑址的发掘。其中的大路后门窑址，也是目前世界上最长的龙窑，依山势而建，从远处看上去很像一条倾斜的卧龙。

谢道华说，大路后门窑址是在北宋中后期到南宋早期烧窑的，是建窑最鼎盛的时期。这座龙窑全长135.6米，分火膛、火栈、火尾、火眼等，一窑的产量可达十几万件，可以想见当时的兴盛。窑址上有很多建盏残片，还有一些匣钵。当时的烧制采用“一盏一饼一钵”的方式，即在盏下放一个泥制垫饼，再放进匣钵，以防止烧制过程中釉药垂流发生粘连，这也反映了当时技术的细致。

谢道华还记得，他们当年发掘时，在窑内出土了一件鹧鸪斑盏，晶莹光润、黑中透青的底釉上，自口沿向中心流淌着一道道鲜亮的黄褐色釉彩。因为鹧鸪斑盏是在黑色的底釉上又施用一些含钛的浅色釉料，二次上釉烧结而成，所以成功率更低，即便是谢道华这种常年与建盏打交道的专家，也难得一见。

与建盏重见天日相呼应的，是一个愈加兴盛的收藏市场，特别是日本市场。晁宏芳坦陈，十几年前市面上流出的建盏，大多来自古窑址。宋代的“供御”建盏都是千中取十，十中再取一，淘汰下来的就不计成本地打掉，所以每个窑址都有8米到12米高的“废墟堆”。有人就去偷挖，里面仍有不少精美的完整器。那时候也有人往他这里送，一天就能收八九件，现在一年也见不到几件了。

建盏的仿制也应运而生。谢道华 1981 年大学毕业实习时，就在仿古建盏的攻坚课题组，由中央工艺美术学院、福建省科技厅、省轻工研究所和建阳瓷厂协作。经过近百次试验获得成功，1981 年 3 月课题组公布了兔毫盏样品，无论是釉色、纹理，还是胎骨、造型，都达到以假乱真的水平。20 世纪 90 年代开始，仿宋兔毫盏、仿宋油滴盏、鹧鸪斑盏、铁锈斑盏，以至曜变盏都走入市场。

谢道华说，也有不少人在利益驱使下将“仿宋建盏”改制成了“宋建盏”。早期的作伪手段主要是“消光”“去音”，20 世纪 90 年代以后，出现了更高级的“接底”，把宋代的底接到新胎上再烧造；还有一种叫“老胎新釉”，整个胎全是老东西，只是因为温度不够，是生烧品，所以把它重新复窑回火。谢道华认为，这种仿品仔细观察还是可以辨认，比如新的建盏看上去贼亮贼亮的，他们叫“贼光”，火气重，若是用酸性物质浸泡“消光”过了，则呆板、晦涩，总不像老建盏的亮度那么润，那么柔，因此总是有其形而无其神。

龙窑遗址附近也有几个制作仿建盏的作坊，他们有天然的优势，即原材料依旧取自古窑址周边特有的高含铁瓷土。蔡炳龙是福建省级建盏制作技艺非物质文化遗产传承人，他仍然采用传统的手拉坯技术，遵循古窑址的味道来做。他说，虽然龙窑改了电窑，但温度控制主要还是靠眼力，因为温度控制就在几度之内，机器控制不可能细微到这个程度，而不足火或过火，都出不来预期的效果。

严格意义上说，建盏制作技艺不存在传承，只能算是一种恢复。尽管现代的釉药可以通过人为控制，做出几百年前的曜变，模拟出各种纹理，制造出古代没有的器形，但那只是工艺品。不说别的，如今电窑是靠人为还原、急火攻熟的，柴火烧结的龙窑则是自然还原，小火慢烧，土与火的艺术，不同的烧制方法出来的味道就是不一样。

附近还有一家更大的建盏仿制作坊，雄心勃勃地复建了一座 30 多米长的龙窑，但试烧过一次就放弃了，因为烧一次的成本就十几万元，电窑的成功率为 70% 到 80%，而柴窑成功率只有 20% 左右，温度、窑长、烟气等都很难控制。

* 本文作者贾冬婷，《三联生活周刊》主编助理。

茶人：山水市井访茶人

茶經卷上

竟陵陸　羽　撰

一之源　二之具　三之造

一之源

茶者南方之嘉木也一尺二尺迺至數十尺其巴山峽川有兩人合抱者伐而掇之其樹如瓜蘆葉如梔子花如白薔薇實如栟櫚葉如丁香根如胡桃（瓜蘆木出廣州似茶至苦澀栟櫚蒲葵之屬其子似茶胡桃與茶根皆下孕兆至瓦礫苗木上抽）其字或從草或從木或草木并（從草當作茶其字出開元文字音義從木當作梌其字出本草草木并作荼其字出爾雅）其名一曰茶二曰檟三曰蔎四曰茗五曰荈（周公云檟苦荼楊執戟云蜀西南人謂荼曰蔎郭弘農云早取為荼晚取為茗或一曰荈耳）其地上者生爛石中者生櫟壤下者生黃土凡藝

自由自在中国茶

——踏访春茶的山水、人文与市井

在春天的早晨，一杯水被细芽嫩叶染绿了，茶叶在杯中浮浮沉沉，茶香清幽悠远，仿佛是将春入魂的时刻。正如中国美术学院院长许江所说：“茶，正如其象形着的那般，‘人在草木间’，被自然包裹着，深深地沉醉。这是一种伟大的沉醉，我们在这种沉醉中完成真正东方的生活。”

去江南追寻第一口春茶的间隙，我去看了赵梁编导的现代舞《幻茶迷经》。

这场舞的缘起是茶，而且是一次确凿的考古发现——1981 年陕西扶风法门寺宝塔倒塌，随后 1987 年在地宫里发掘出土了一套精美的唐代金银茶器。同时出土的《物账碑》记载，有“茶槽子、碾子、茶罗子、匙子一副七事，共八十两”，是唐僖宗给法门寺的供养物。

据考证，这套茶器的年份是在公元 8 世纪中期，陆羽著《茶经》100 年之后，陆羽在这本被公认为茶道开始的书中，描述了他创制的 24 种茶具。这套晚唐宫廷御用茶器正是物证，重现了大唐盛世从烘焙、研磨、过筛、贮藏到烹煮、饮用等制茶工序及饮茶茶道的全过程。

舞台上大幕拉开，幽暗的地宫内，金光闪闪的茶器在封藏千年后重见天日，将观众带入神话叙述中。舞蹈的形式更加重了奇幻感——茶的惊魂幻化为一个女子，身披红袍，头戴金冠，一张白色面具遮盖着面部，

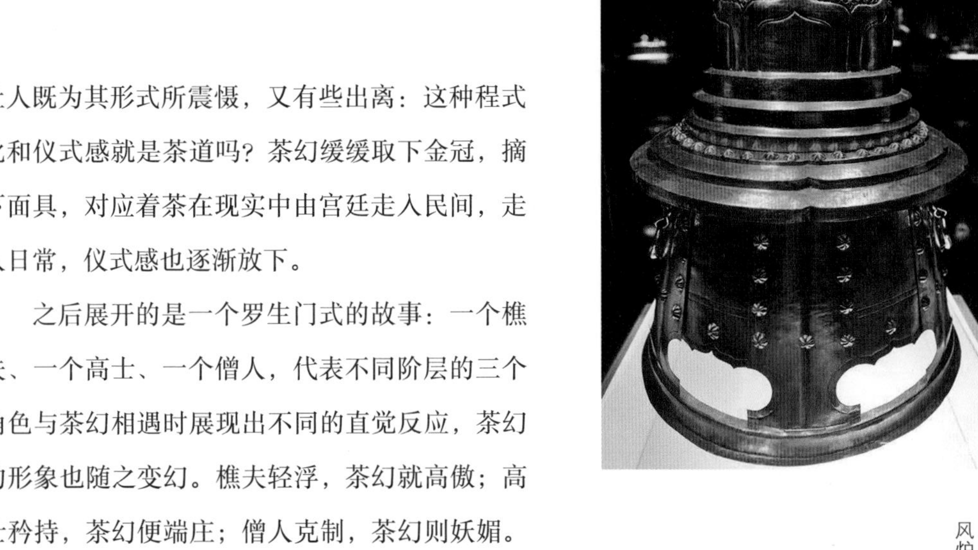

（唐）素面壶门座高圈足银风炉，藏于法门寺博物馆

让人既为其形式所震慑，又有些出离：这种程式化和仪式感就是茶道吗？茶幻缓缓取下金冠，摘下面具，对应着茶在现实中由宫廷走入民间，走入日常，仪式感也逐渐放下。

之后展开的是一个罗生门式的故事：一个樵夫、一个高士、一个僧人，代表不同阶层的三个角色与茶幻相遇时展现出不同的直觉反应，茶幻的形象也随之变幻。樵夫轻浮，茶幻就高傲；高士矜持，茶幻便端庄；僧人克制，茶幻则妖媚。三人斗茶相争，甚至大打出手，等到黄粱梦醒，又相对饮茶，回归理性。其实,茶幻就是三个角色内心欲望的真实反映,每个人心里都有一个茶幻。

《幻茶迷经》不只是说茶，而是借茶来说众生。而茶之所以成为这种包罗万象、俯瞰众生的因借物，也是因为它覆盖了不同地域和阶层的人群，而不同的人也在茶中喝出了不同的味道，投射了不同的心境。自8世纪陆羽在《茶经》中明确意识到茶不仅有单纯的物质属性之后，喝茶就上升到精神层面，甚至发展成一种关于审美的宗教——茶道。

茶是中国人的发明，而中国幅员辽阔的地理环境也为茶文化提供了源源不断的物质基础。从古至今，不同地域孕育出不同种类的茶，绿茶、红茶、乌龙茶、黄茶、黑茶、白茶；主流的饮茶方式也在不断演变，从唐代的煎茶，宋代和元代的点茶，再到明代以来的泡茶；皇家、士大夫、老百姓、寺院也各自有一套喝茶的方法，每一套都有自己的道理。尤其是最近这些年，物质逐渐丰裕的中国人开始重拾传统文化与审美，探寻

“茶道”的念头也越来越强烈。

我们探寻茶的路径也经历了类似的演变，从关注物质层面——去各大茶山寻找最好的绿茶、红茶、工夫茶，再到精神层面——去寻找“茶之道”，最初是去日本、韩国等地找，着眼点是向外的，而当我们越来越深切地想要向内看时，一个绕不开的问题是：中国有没有茶道？或者说，中国茶的精神性如何被承载？

110 多年前，日本思想家冈仓天心在他最早向西方世界介绍日本茶道的《茶书》中提出，游牧民族的入侵结束了宋朝文化的繁荣，风靡一时的饮茶文化即在中国戛然而止，反而在引入地日本发扬光大，诞生了茶道。这似乎已经被接受为史实，但从文化意义上去深究，并不全然如此。

诚然，中国历史上经历了几次文化断裂，但茶的物质基础一直生生不息，而饮茶作为“开门七件事”之一，在民间也从未断绝，这也是茶文化复兴的土壤。在中国人眼里，日本茶道精神虽然纯粹，但也过分苛刻和程式化。中国茶之道，则是道法自然。这也是我们在杭州、徽州和成都踏访春茶所感，在一种多元的山水、人文和市井情境下，中国茶呈现出来的是自由自在的样式。

茶之道：清风明月的物质文化

香港非物质文化遗产咨询委员会主席郑培凯形容茶是“清风明月的物质文化”，把中国饮茶传统以及对茶的文化想象，做了一个界定。“说茶是清风明月，立刻让人想到欧阳修说苏州沧浪亭‘清风明月本无价’，不是没有价值，而是如苏东坡在《前赤壁赋》里说的：‘惟江上之清风，与山间之明月，耳得之而为声，目遇之而成色。取之无尽，用之不竭。是造物者之无尽藏也。’茶颇似阳光、空气和水，价值不能仅用金钱去衡量，喝茶也不只是单纯的解渴行为，不只是物质性的原因，还有着深厚的文化意义与精神美感。”

郑培凯最初从历史学领域进入茶文化的研究，也是带着为中国茶道“寻根”的意识。郑培凯说，1991年他从美国回到台湾大学教书，那个时候台湾开始发展茶室文化，于是他在朋友的激励下，整理了有关茶的历史文化，想厘清中国历代到底是怎么喝茶的。他认为，为物质性的茶叶提升到精神性的饮茶之道，将喝茶从形而下带入到形而上的层面，是从唐代陆羽著《茶经》开始的。

以文献的有无来划分，陆羽开启了茶的“文明史”，在此之前只可算是蒙昧的“史前史”。郑培凯举例，《茶经》里说是远古时的文化英雄神农氏发明了喝茶，说神农遍尝百草中了毒，吃了茶叶才解了毒，因此就传给世人这个良方，从此，人们就开始喝茶了，这当然只是有趣的传说。

事实上，野生茶原产地是在中、缅、印这一带，中国人最早把野生茶驯化，种植，栽培，日用。茶最初是一种药材，出现在各种植物学和医学典籍里，被冠以荼、槚、荈、茗等各种称谓，有解乏、提神、强心、明目的功效，不仅可以内服，还能捣成膏状外敷，用于治疗风湿疼痛。

从汉代到南北朝，饮茶之风在西蜀和江南一带逐渐流行，茶的汉字也逐渐定型，从“荼”——一种苦菜，变成了“茶”——一种饮品。但一开始的饮茶方法相当原始，就是生煮羹饮，把茶叶煮成汤，喝茶就跟喝菜汤一样。

到了三国时期，就开始制作茶饼，研末煎茶了，而且一直延续到唐宋时期。如三国魏张揖的《广雅》中说：“荆、巴间采叶作饼，叶老者，饼成，以米膏出之。欲煮茗饮，先炙令赤色，捣末置瓷器中，以汤浇覆之。……其饮醒酒，令人不眠。”尽管已经开始碾末，但如陆羽所说，当时饮茶仍“用葱、姜、枣、橘皮、茱萸、薄荷等，煮之百沸，或扬令滑，或煮去沫”，这种既咸又辣的浓汤，肯定和后世的茶相去甚远。

到了唐朝，喝茶蔚然成风，成为生活必需品。郑培凯指出，当时饮茶习惯从中原广布到塞外，发展出茶马贸易，政府也开始对茶叶收税，而且唐代盛行的禅宗寺院生活方式，也促进了饮茶习惯的仪式化。封演的《封氏闻见录》里就谈到禅宗对饮茶的影响：“南人好饮之，北人初不多饮。开元中，泰山灵岩寺有降魔师大兴禅教，学禅务于不寐，又不夕食，皆许其饮茶。人自怀挟，到处煮饮。从此转相仿效，遂成风俗。”

而我们这次遍访春茶时也发现，各地种茶和饮茶习俗基本都是从寺庙开始的。唐中期禅宗大兴，禅宗修炼时需要坐禅，由此达到精神上的领悟。打坐时最重要的是灵台空静，但如果功夫不到家，坐一会儿就打瞌睡了。禅师发现，喝茶可以提神，打坐就不至于昏睡，所以禅宗寺院一律提倡喝茶。寺院饮茶有一定的规矩和仪式，这些仪式也随着饮茶习俗向民间传播，从而促成了茶道的产生。陆羽的《茶经》在这时出现，为喝茶建立了文化体系，也并非偶然。

陆羽是一个从小被龙盖寺智积禅师收养的孤儿，在寺院中长大。他耳濡目染的就是晨钟暮鼓、坐禅悟道，是佛教清修的环境。但是，据他的自传所写，他从小就不太循规蹈矩，不愿意老老实实地做小和尚，老和尚要他读佛经，他偏要读儒家经典。后来他干脆逃离寺院，跟着伶人剧团到处流浪演出，故而有机会接触到各地的茶。

后来陆羽才开始作诗，与读书人结交，“天下贤士大夫，半与之游”。“安史之乱”后，陆羽随秦人过江，游历长江中下游和淮河流域，遍访名士高僧，在湖州见到妙喜寺住持皎然，结为“缁素忘年之交”。也是在诗僧皎然的鼓励和指导下，大约在764年，陆羽写成《茶经》。

《茶经》共三卷十章，详细论述了茶的生产、加工、煎煮、饮用、器具以及相关的典故等，把饮茶文化推向高潮，陆羽也成了得风气之先的开创性人物。

宋代梅尧臣在诗中说：“自从陆羽生人间，人间相事学春茶。”文物学家孙机指出，《茶经》成书半个世纪后，陆羽就被奉为“茶神”。据唐宋书中的记载，当时卖茶的人将瓷做的陆羽（即茶神像）供在茶灶旁，生意好的时候用茶祭祀，生意不好的时候就用热开水浇头，相当于把浴佛礼俗的醍醐灌顶，转为浴茶神陆羽。

这种瓷像的制作前后延续了3个多世纪，国家博物馆就藏有一件20世纪50年代在河北唐县出土的瓷像，上身着交领衣，下身着裳，戴高冠，双手展卷，盘腿趺坐，仪态端庄。孙机说，根据它的装束姿容，以及与风炉、茶瓶、茶臼、渣斗伴出的情况判断，这就是一尊茶神像。

陆羽为什么被奉为茶的守护神？除了他在《茶经》中总结了历代喝

陆羽瓷像，藏于中国国家博物馆

陆羽像，藏于巩义市博物馆

茶的经验，更重要的是，他赋予喝茶以文化与审美的意义。

郑培凯指出，《茶经》对茶文化有多方面的影响。

一个是审美的整体性与统一性，首先是茶碗，由此延伸到其他茶具、茶仪、饮茶环境。比如陆羽强调喝茶时青瓷比白瓷好，因为青瓷的釉色配合茶汤，让饮茶者可以联想到青山绿水，可以感受大自然的色泽，体会天人合一的境界。

二是择水与用火，讲究“活水”与“活火”。苏东坡被贬谪到海南时写过一首《汲江煎茶》：“活水还须活火烹，自临钓石取深清。大瓢贮月归春瓮，小杓分江入夜瓶。雪乳已翻煎处脚，松风忽作泻时声。枯肠未易禁三碗，坐听荒城长短更。”其中提到的“活水”与“活火”，就是陆羽提倡的。

三是强调茶的本色。陆羽批评唐朝流行的主流喝法，在茶里乱加各种作料，“斯沟渠间弃水耳，而习俗不已”。郑培凯说，虽然老百姓喝茶喜欢加香料与果物的习俗一直没断过，但文人雅士都遵从“茶有本色，茶有真香”的道理，崇尚简约之美，这也是中、日、韩茶道主流的审美意识。

四是《茶经》里说“茶之为用，味至寒，为饮，最宜精行俭德之人”，明确提出“茶性俭”。郑培凯说，这是有史以来第一次有人把饮茶提升到道德伦理的精神领域，赋予茶简朴、清高、文雅、敬谨的品质，进入了“清风明月”的境界。而且陆羽又说茶“与醍醐、甘露抗衡也”，醍醐是浴佛的时候在佛头上浇的酥油，是最精华的东西。

由此，陆羽就在于把原来只有物质性、作为饮品的茶，提升到带有宗教联想的玄思领域，像佛教的醍醐与道教的甘露，给人类提供了一个茶道的开始。郑培凯认为，之后所有的茶道演变，都万变不离其宗，无论是唐宋宫廷的茶宴，士大夫点茶、斗茶，或者是寺庙里的饮茶规仪，明清文人的茶会雅集，日本茶道的一期一会、茶禅一味，都承自陆羽的精神，只不过是在不同时空中，衍生出的不同“茶道”而已。

旁枝：从中国到日本

“茶道”这个词，在中国古文献中很早就出现过。比如陆羽的忘年之交皎然写的《饮茶歌》中，就有“孰知茶道全尔真，唯有丹丘得如此”之句。明代陈继儒在《白石樵真稿》中说，当时茶的蒸、采、烹、洗“悉与古法不同”，但有些人“犹持陆鸿渐之《经》、蔡君谟之《录》而祖之，以为茶道在是”。孙机认为，汉字的组合比较自由，这些文献里的“茶道”含义有别于日本所称的“茶道”。

日本的种茶和饮茶，最早是由唐宋时期的遣唐使从中国带回茶种开始的。冈仓天心在《茶书》中说，729年，圣武天皇就曾在奈良皇宫给百僧赐茶。801年，僧人最澄带回茶种，但只在大内辟有茶园，且归典药寮管理，与一般民众没有关系。12世纪，两度入宋求法的荣西法师带回了禅宗，也带回新的茶种，开始在日本推广饮茶。他在《吃茶养生记》中说：“茶也，末代养生之仙药，人伦延龄之妙术也。山谷生之，其地神灵也；人伦采之，其人长命也。”孙机说，荣西把茶当成“万病之药”，这种说法实际上是对来之不易的外国物品之作用的习惯性夸张。

荣西之后，饮茶在日本逐渐兴盛，从寺院传播到民间。根据日本室町初期著作《吃茶往来》所记，当时高级武士修建了讲究的茶亭，在那里举办茶会，点茶献客之后，要玩一种叫“四种十服茶”的赌赛游戏。

孙机指出，这种豪华的茶会被认为是一种败坏风气的行为，到了室町幕府的八代将军足利义政时，遂命能阿弥创立在书院建筑里进行的“书院茶”，这是一种气氛严肃的贵族茶仪。之后足利义政又命村田珠光为主持茶会的上座茶人。村田珠光把寺院茶礼、民间的“茶寄合”和贵族书院的台子茶相结合，并注入禅的精神，排除一切豪华陈设，形成了朴素的草庵茶风。日文中的“茶道”一词，就是由村田珠光开始使用的。到了16世纪中叶，千利休将草庵茶进一步庶民化，并且提出茶道的四谛——“和、敬、清、寂”，宣告了日本茶道的诞生。

冈仓天心认为，日本将在中国断裂的宋代茶道继承下来，逐渐发展成为一种审美的宗教。他说，由于13世纪蒙古部落的侵入，宋朝的文化成果毁于一旦。15世纪中叶，企图复兴的明朝，又陷于内乱而疲于奔命。17世纪，中国被清朝统治，包括茶道在内的昔日礼仪和风俗荡然无存。这种说法有一定道理，但更确切地说，日本茶道并没有替代中国茶道，而只是从中国茶道的主干上旁逸斜出，结合日本本土特色，发展出了独特的一枝。

究其本源，日本茶道来自中国唐宋时期的寺院茶道，是精神敬修的一种仪式。再加上等级制度的影响，日本茶道格外重视礼法，在茶室建筑、茶具、烹点技法、服饰、动作乃至应对语言等方面，无不规定得极为细致，甚至到了烦琐的程度。

孙机说，甚至连进茶室时先迈左脚还是先迈右脚，哪种茶具放在室内所铺草席的哪一行编织纹路上，移动茶具时在空中经过的途径是直线还是曲线，一碗茶要分几口喝光，于何时提哪些问题并如何作答，均须按照成规一丝不苟地进行。

其间参加茶会的主客双方还须频频致礼，据统计，一次茶会大约用4小时，一位主人和三位客人在此期间共行礼213次，还要依场合之不同分真、行、草三种形式。而且，千利休在死后变成了一个无法撼动的偶像，千家茶也成了唯一的正统。从千利休的三世孙千宗旦以后，千家流茶道采取了传嫡的家元制度，长子称为“家元”，继承祖上的事业和姓名，其他诸子不但不能继承茶人之业，还要改姓，由此形成了一个因循而封闭的传承体系。

“和、敬、清、寂”，是日本茶道独特的审美追求。孙机说，日本茶道崇尚枯高幽玄、无心无碍，对世俗美采取否定的态度，这在中国人看来比较奇怪。比如茶室内不取世俗喜爱的豪华秾丽之色，而以暗淡的朽叶色为基调。茶碗也是如此，如在千利休指导下生产的乐窑茶碗，制坯时不用陶轮而以手制，呈不规则筒形，器壁较厚，通体施深色釉，但浓淡不匀，釉面出现隐约的斑块。再如进行茶事活动的草庵茶室，其门户的高、宽均为70厘米许，客人须匍匐爬行才能进去，如此待客在中国是不可想象的。而日本茶人认为，茶室是一处超脱凡俗的清净世界，必须用这样一道窄门把它和尘寰隔开。

千利休的死，为日本茶道注入了终极的审美内涵。冈仓天心的《茶书》也以千利休被赐死的场景结尾，将茶人推向为美殉道的高度：“只有与美同生的人，才能与美同死。”

日本茶道也从此成为一种审美主义的宗教，走向超现实：“茶已经由一种饮物变成一个理由，使我们能借由它，去崇拜纯粹与完美，是一个主客共同创造尘世至美的神圣仪式。茶室是沉寂、荒芜中的一块绿洲。疲惫的旅行者在此相聚，饮下艺术鉴赏的甘泉。茶事是以茶、花、画等为情节的即兴剧。”

人在草木间：师法自然的中国茶道

茶，无非是一种植物，一种饮品，怎么会从中产生了道？

《茶书》译者、中国艺术研究院研究员谷泉认为，茶树、茶叶、水、空气和风，皆为自然造物。看任何自然造物久了，里面都是一个世界，花有花道，书有书道，香有香道，剑有剑道，而一切道又可以归于茶道，以茶道的精神囊括所有其他道的精神。而日本人在茶中注入的，还有放下自身肉体束缚的意志，这才是日本茶道生生不息的关键。

日本茶道并不重茶汤本身。沏泡茶在 17 世纪中叶后才传入日本，逐渐在日常生活中取代了抹茶，但抹茶仍然保留其茶中之茶的地位，一直沿用在茶道中。因为日本茶道讲究的是典仪运作的过程，是精神境界的提升，几乎摒弃了味觉品尝的愉悦，郑培凯甚至戏称为“无茶之道”。不重“茶”，于是就把审美的极致寄托在“人”身上了。谷泉说，不是每个时代都能产生像千利休那样的大师，在没有大师的时代，还想保持住茶道的精神水准，就只有严格遵守祖先定下的规矩了。这也是为什么在茶会上，一枝一叶都被安排好，不能有丝毫差池，否则就达不到完美。

但这同时也带来了桎梏。1950 年，柳宗悦就写过一本关于茶道改革的书，提倡“民众的茶”，反对戴着虚伪面具的僵硬做作。郑培凯说，日本几位文学大家，包括芥川龙之介、三岛由纪夫都对日本茶道的抱残守缺提出了批评，更让他惊讶的是，一直在推崇日本“物哀”之美的川端康成，也在 1968 年诺贝尔文学奖获奖演说中直言，20 世纪的日本茶道只是学学样子，并没有在心灵上通透地领悟。

而中国幅员辽阔，人口众多，饮茶建立在丰富的物质基础上，对茶的态度也更务实。自唐以来，即称“茶为食物，无异米盐”。南宋的俗谚说：“早晨起来七般事，油盐酱豉姜椒茶。”对中国人来说，喝茶喝茶，首先喝的是茶，是日常生活，之后才是精神性的审美价值。而且，茶事也往往不作为独立的活动，而是生活之余，观山看水，赏花望月，参禅悟道，弹琴看画，皆有茶伴。

中日茶道也体现着不同的民族性。冈仓天心说日本茶道：“本质上，是一种对残缺的崇拜。是在不可能完美的生命中，为了成就某种可能的完美所进行的温柔试探。”这一点与中国茶的观念完全不同。谷泉认为，日本茶道是完美的终结，中国人饮茶的方法则是一种途径。中国人总是在实践天人合一的过程，并不落实到具体的点上——过程本身，就已经是一切的终结了。

也因此，中国茶是随着不同的时代精神而变的。煎茶，点茶，泡茶，分别代表着茶的古典派、浪漫派和自然派，也牵扯着唐、宋、明三个朝代的情感。明朝以来，散茶冲泡成为主流，保留了叶片自然的形态、新鲜的香气，可以说是最自然主义的饮茶法。

而最大程度上保留茶叶真味和形美的绿茶，更成为文人的心头好。明代特设江南六府，其中的士大夫均为闲职，这一阶层将茶中逸趣推向了极致。他们对于茶叶的品评鉴赏、制茶泡茶的技巧、茶具的设计制作等，无不精益求精。而且由于这些文人雅士本身的素养，使得茶从“柴米油盐酱醋茶”提升为“琴棋书画诗酒茶”，变成一种生活品位的象征，一种恬淡情调的组成部分。

不同的茶有不同的地域背景，也让中国茶文化更加自由自在。郑培凯说，明代许次纾在《茶疏》里提到，蒙顶茶当时没有了，到四川都喝不到。而明以后，很多唐代的茶开始重现，龙井、碧螺春、普洱，宋代的武夷茶也在明末重兴了。如今，更是一个茶品类多元的时代，唐宋元明清的历代名茶都出现了。这样多元的茶境，正是滋养茶道的土壤。

这也是我们循着茶的采摘期，去各地遍访春茶的意义。龙井里的西湖山水，猴魁中的徽州人文，川茶里的茶馆市井，不仅是一种地理环境，更是一种文化情境。在春天的早晨，一杯水被细芽嫩叶染绿了，茶叶在杯中浮浮沉沉，茶香清幽悠远，仿佛是将春入魂的时刻。正如中国美术学院院长许江所说：“茶，正如其象形着的那般，‘人在草木间’，被自然包裹着，深深地沉醉。这是一种伟大的沉醉，我们在这种沉醉中完成真正东方的生活。”

* 本文作者贾冬婷，《三联生活周刊》主编助理。

龙井茶境：山、水与禅之间

去狮峰与梅坞问茶，汲虎跑水烹享，入天竺、灵隐寺体悟禅茶一味，是杭州人乐此不疲的春时幽赏。茶与山、水、禅融为一体，茶道在于人情。

第一口明前茶

2018 年 3 月 22 日，杭州连绵了几天的阴雨终于散去，一出门马上感觉到了暖意。茶馆老板庞颖在电话里的声音透着欢欣："跟我去梅家坞！今天可以'大采'了。"所谓"大采"，是指大规模的龙井采摘。人人都想尝鲜，尤其是"贵如金"的明前龙井。于是，从春分到谷雨的杭州春天，就沉浸在龙井茶的清香里了。这样的乐趣自明人高濂开始延续："谷雨前采茶旋焙，时激虎跑泉烹享，香清味冽，凉沁诗脾。每春当高卧山中，沉酣新茗一月。"

与诸多名茶隐逸山林不同，龙井是大隐隐于市，出自西湖周边繁盛的人间烟火之中。杭州人早有排序，传统核心产区依次是"狮"——狮峰、"龙"——龙井、"云"——云栖、"虎"——虎跑、"梅"——梅家坞，五大字号都在西湖周边，最远也不过半个多小时车程。正如明代高濂在《遵生八笺》里所说："山中仅一二家，炒法甚精。近有山僧焙者，亦妙。但出龙井者方妙，而龙井之山，不过十数亩。"离开西湖，

『贵如金』的明前龙井

就只能叫“杭州龙井”，甚至“浙江龙井”了。

梅家坞与西湖隔山相望，穿出梅灵隧道，就看到一家家边炒茶边卖茶的茶叶店，沿途三三两两背着竹篓的采茶工，还有兴致勃勃踏青问茶的游人，让人感染上雀跃的春游心情。主干道旁边就有茶山，但因为隧道的影响，要找到更好的茶还得往山坳里走。庞颖的茶园就在更深处的朱家里，要经过村庄走进去。进村的路窄，急着采茶、收茶的车拥堵得越来越多，得等一辆开出来，另一辆才能再开进去。天天跑茶山的庞颖早已习惯，她说，占据龙井“梅”字号的梅家坞，是在民国后期从“云（栖）”中分出来的，很快成为后起之秀。虽然梅家坞位列五大字号之末，但茶山面积最大，茶叶产量居首，占西湖龙井总产量的30%，采茶季的热闹场面是可想而知的。

龙井风土，得西湖山水之灵秀，深入梅家坞便可体会到。和几大龙井核心区一样，梅家坞也窝在植被丰富的山丘坡地之中，三面环山，一面缓缓伸向钱塘江与西湖，形成滋养茶树的大环境。庞颖说，北部的山脉形成天然屏障，阻挡了寒流的侵袭。而南部受钱塘江湿润季风气候的调节，雨量充沛，光照充足，茶园白天土层受热，晚上热量又能很快散发，形成最适合茶树生长的“昼夜温差”条件。另一方面则得益于土壤。陆羽在《茶经》里说，茶“上者生烂石，中者生砾壤，下者生黄土”，“烂石”是一种风化比较完全的砂质土。龙井茶树就生长在典型的“白砂土”上，矿物质吸收多，微量元素丰富，自然出好茶。

我们继续攀爬到梅家坞东北方绵延的“十里琅珰”，就可以眺望狮峰了，那是公认的龙井最佳产区，从其地貌也可以想象，正如明代俞思

梅家坞窝在山丘坡地之中，形成滋养茶树的大环境

冲所说："狮子峰，在一片云之上，高出群岫，可瞰江浒。北望天竺，诸峰叠秀如画。"

层层叠叠的绿色山坡上，跃动着一群群采茶工的鲜艳身影，真是一幅天然胜景。其实现在采摘的都是后来培植的新品种"龙井 43 号"，叶形漂亮，产量大，生长快，已经占据了茶园的大半江山。而传统的老龙井"群体种"，长得没那么规整，但是老茶客公认味道更醇厚，要再等几天才能出芽。

庞颖说，其实看茶树的形状就能分辨出来，那些齐齐整整排布成条的茶树是"43 号"，都像一个模子里刻出来的；而那些一团团的成簇茶树才是"群体种"，大小不一，但更自然。我们看到茶园上有几个废弃的大木架，就是生产队时期合作采摘时留下来的，当时采好的茶叶就从上面"坐滑梯"滑下来，省时省力。后来包产到户，家家户户靠自己，不得不回归原始的手工采摘。而且再开垦后，茶园面积扩大了三倍以上，人手更不够，所以现在一到采茶季，每户都得从安徽、江西雇十几个采茶工。

我们遇上几个采茶工下山吃午饭，每人竹篓里都有半筐鲜叶，是一大早到中午的成果。她们从安徽来，在这一个月里，每天都要早上6点天刚蒙蒙亮开始采，一直采到晚上6点太阳落山，几乎不怎么休息。她们把几片叶子摊开给我们看，是嫩绿的芽头，人称“莲心”，闻起来一股清香，嚼一嚼还有些涩。

她们说，昨天采了第一茬，天阴，有风，手都冻伤了。今天一放晴，温度提高了好几度，芽叶长得很快，必须得争分夺秒，因为必须要在一芽一叶时采摘，否则会炒出“冬味”。

西湖龙井盛名400年，也在于独特的炒制工艺。与大多数绿茶呈芒针状不同，龙井茶是独特的扁平条索状，让人不禁想起苏东坡的形容，“从来佳茗似佳人”。龙井改条索状始自清末，也是由于皇家对于贡茶的苛求，迫使其制法创新。绿茶是一种不发酵茶，为了防止发酵，有各种不同的杀青方法，如“烘青”“蒸青”，龙井则是“炒青”，而且为了呈现扁形，需要用手不断压实。

庞颖说，现在已经没什么人愿意全手工炒茶了，都被机器取代了，“手放进250摄氏度高温的锅里，一不小心全是水泡，那真是酷刑”。只有两个跟她合作多年的村民还在坚守，帮她手炒一些，“已经不是钱的问题了，是这么多年收茶的情谊”。

她拿上一袋昨天采的鲜叶，带我去找其中一户茶农陈一鸣。这袋鲜叶一打开，散发出饱满的清香，陈一鸣薄摊在竹筛上，还需要经过几小时萎凋。他说，萎凋之后的炒制还有几道工序，首先是“青锅”，放在高温铁锅里进行杀青，在这个阶段就要初步压扁塑型，炒至七八成干时起锅；之后是“回潮”，将青锅后的茶叶摊凉筛分；最后是“辉锅”，几乎要将茶叶的水分全部炒干，断绝它外部发酵的可能。陈一鸣将手边已经回潮的一竹筛青叶放入热好的锅中，准备最后一道“辉锅”翻炒。锅内温度已经80摄氏度，但他下手果断，“越犹豫越容易烫伤”，然后用手将茶叶按在锅内，抓住叶子翻转掌心，再扬起手掌抖落，如此抓、按、捺、抖循环往复十几分钟，锅温已经逐渐升高到150多摄氏度，一直要“茶不离锅，手不离茶”，直到叶片变得紧实深沉。

这样下来，12斤鲜叶，手炒10个小时，才能炒出3斤干茶。而这样的手法，是多年吃苦练就的功力，所谓“三年青锅，五年辉锅”，陈一鸣还记得，他18岁第一天学的时候，手上起了36个泡，现在的年轻人都不愿意碰锅了。

庞颖感叹，江南是个人多地少的地方，古时候这个地方的茶农除了茶叶，祖祖辈辈没有别的生活来源，才愿意花这么大的代价去炒茶，龙井才能在这么多茶中独占魁首。

“乾隆六下江南，写了七首赞龙井的诗，因为只有这么趁着手感炒出来的茶，才不苦不涩，没有刺激性。但现在都机器炒了，看似卖相更好，但茶叶的味道总是释放不透彻，没味道。”

陈一鸣的祖辈留下了10亩茶园，算是梅家坞村的大户。对他来说，一年的辛劳都要看从明前到雨前一个月的收成，一个月亩产能到120多斤鲜叶，相当于30斤干茶，10亩300斤干茶。但是眼见着价格一天天在降，刚上市的明前西湖龙井售价动辄上万，在农户这里的每斤干茶收购价3800元，之后不断下降，从3000多元到2000多元，到临近谷雨时就降到不足1000元了，时间不等人。

人人都抢着要喝第一口明前龙井，哪怕叶子里的鞣酸火气还没褪掉，入口还有点生涩。陈一鸣挑拣几片刚炒好的茶叶沏上一杯新茶，叶片很快在水中舒展开来，沁人心脾的香气飘出，像一缕春天的魂。

吃茶去：禅寺里的茶道

陆羽在《茶经》里提到“钱塘生天竺、灵隐二寺”，点出了杭州茶与禅寺的深厚渊源。事实上，唐宋两代，种茶、喝茶在全国范围内都是以寺院为主体，之后才逐渐扩大到寺院之外。唐代柏林禅寺赵州和尚的“吃茶去”公案流传至今。两位僧人来请教什么是禅，无论说什么，赵州和尚一律回答：“吃茶去！”虽然这是禅宗以茶来见机的说法，但也从另一方面说明了禅与茶的不可分割。

杭州茶史专家阮浩耕说，唐代画家阎立本有一幅画叫《萧翼赚兰亭图》，画的是唐太宗的御史萧翼从王羲之第七代孙智永的弟子辩才手中将“天下第一行书”《兰亭序》骗取到手献给唐太宗的故事。画面右侧是辩才和萧翼在对话，左侧的三分之一则是一老一小在煮茶。据阮浩耕考证，这是绘画中最早出现的茶。按照画面的时代背景，在公元640年唐太宗时期寺庙中就开始饮茶了，比《茶经》还早100多年。

杭州佛事繁盛，湖山之间曾有禅寺 360 多座，寺院中煮茶、饮茶更成为一种生活方式。阮浩耕说，当时这些寺院的庙产中有很多土地，其中有不少茶山。产出的茶叶中一部分僧人自己喝，一部分拿来招呼居士游客。

“从宋代到明清，很多文人士大夫都常去寺庙中喝茶，和寺庙高僧也都是朋友。比如苏东坡，在杭州时写了很多关于寺庙饮茶的诗，其中有一首诗说他一天之内去了七个寺庙，喝了七杯茶，达到唐人卢仝‘唯觉两腋习习清风生’的境界。民国时郁达夫杭州游记里，也常提及去寺庙里喝茶，实际上寺庙变成了西湖边上的茶馆。”

茶是生长在深山幽谷间的珍木灵芽，其天赋秉性与禅宗有着天然的契合之处，这就是所谓的“禅茶一味”吧。循着历史脉络去寻找禅与茶的精神联系，当然要先去天竺、灵隐一带。查了路线才发现，世人皆知灵隐寺，而不知这附近其实是一个寺庙群。

最初是东晋时期印度法师慧理来到杭州，发现飞来峰特别像印度的灵鹫山，于是在这儿开建道场，就是后来的“天竺五灵”——灵隐寺、灵寿寺（后名永福寺）、灵顺寺、灵峰寺、灵山寺（后名法镜寺）。其后在此基础上增建，共有大大小小 11 座寺庙，都在步行范围内。茂密的山林环境为它们隔开了游人的喧嚣，自有一份幽静与隐逸。很多寺院仍有自己的茶园，上、中、下三座天竺寺都种茶，永福寺也有一片茶园。很多人也愿意去这几座寺庙中安安静静地喝一杯茶，“偷得浮生半日闲”。

沿着天竺路向西，永福寺就藏在灵隐寺的后面。这里不像大部分寺庙那样中轴对称，而是依山而建，黄色的佛殿掩映在绿色的群山中，山即是寺，寺即是山，果然不愧为口口相传的“中国最美寺院”。

永福寺最早是1600年前慧理禅师所建，南宋时一直是皇家的内庭功德院，因此一度以“钱塘第一福地”闻名，但在清末后就逐渐废弃了，目前的这座寺院是在2003年复建的。

很多人慕名来永福寺的福泉茶院喝茶，也是因为这里得天独厚的环境：站在大雄宝殿外俯瞰，可以越过山顶，看到西湖，看到城市。而最妙处在于，站在永福寺可以看见杭州，站在杭州的任何一个角度却看不到永福寺。

永福寺自己的茶园就围绕在院墙内外，因为地处山坳，温度比梅家坞要低两三度，茶叶还没有开始采摘。负责茶园的监院明行法师对今年的春茶有些忧心：“去年冬天雪特别厚，冰冻也厉害，叶子的机体功能没有完全正常运转。虽说芽头起来了，但是病态的，尖上是焦的。”他带我们去茶园里看，大部分叶片还是深绿色，有焦叶，新鲜的芽头还没冒出，采茶工忙着挑拣出焦叶，正式采摘还得过三五天。

明行法师自12年前永福寺复建完成后就来到这里，因为对茶的兴趣，各种事务之外，一直兼顾着茶园。在他看来，“禅茶一味”的说法并不高深，自从禅宗兴起以后，茶就没有离开过寺院的日常生活。在喝茶时，慢慢把心放进茶里，就能体会到禅。

明行说，他平时喝绿茶并不多，但到春夏还是要喝龙井的，因为龙井作为绿茶之首，确实有它不可替代的爽滑感。“喝普洱茶，是从第一泡到最后一泡，去感受它的变化。但龙井茶，我是去品尝每一口，从入口的吞咽，到进入肠胃，都会有变化，这就是绿茶的细微之处。你说它是小家碧玉也好，大家闺秀也好，它确实有种女性的婉约。人能感受得

永福寺福泉茶院，监院明行法师在事茶

到茶，茶也就能够与人亲近。”

他还说，茶也是一种媒介，什么叫“因缘”，什么叫“当下”，都可以在一杯茶里面阐说。永福寺茶园面积不大，基本上都是僧人自己采，自己炒，自己喝，并不执着于统一口感，反而可以体会到每一杯茶的独特。比如要喝到龙井茶的“豆苗香”，前提是采茶的那一天要晴爽，那天做出来的茶就会有豆香，下雨时采就没有，很多时候是可遇不可求的。

永福寺茶出名，还在于它的人文底蕴，所谓“文化禅”。明末清初东皋心越禅师曾居永福寺六年，他擅古琴、篆刻、书法、诗词，广交天下文人墨客，使寺院成了文化人的客厅。后来他东渡日本，在日本重新复兴了古琴、篆刻，被尊为“古琴复兴之祖”“篆刻之祖”，还开辟了书画的新境界。

如今的永福寺传承了这一文化艺术传统，住持念顺法师是位古琴演奏家，督监月真法师则以书法造诣闻名佛教界。月真法师邀请我们去他的私人茶室喝茶，茶室位于寺院一隅，推开窗即豁然开朗，所谓“三面云山一面城”。

人如其字，月真法师有一种无拘无束的随意和舒展，他说，茶和书法一样，对于佛教而言，都是一个余事，日常生活的一部分。月真法师在2003年主持重建杭州永福寺，2006年又主持复建韬光寺，与此同时，他开始致力于收集400年前东渡的那些高僧在日本留下的遗墨，并在永福寺设立了专门展厅。这些收藏将丝丝缕缕的茶道交流史保留下来，比如将明代煎茶道带到日本的隐元法师的书法，还有一封出自日本茶道奠基人千利休的信。

由永福寺后门出去继续登高，还有一座韬光寺。韬光寺始建于唐代，是一座佛道双栖的寺庙，既是韬光禅师的修行地，也是道教吕纯阳与何仙姑的修仙地。

若把山喻为人，那么永福寺在山的腹部，韬光寺则在肩膀，从这里可以望得见钱塘江。月真法师也是韬光寺的住持，他说，唐代白居易在杭州刺史任上,曾造访韬光禅师,为西湖留下了最早的一段汲泉烹茗佳话。

“白居易当时作诗邀禅师下山相聚，诗里叙述诚意，这顿饭是素净的，葛粉滤泉，青芥除叶，并且藤花是在洗了手之后摘下来的。未料韬光禅师不乐世间富贵权势，以诗辞谢。白居易并不介意，亲自渡湖上山，与韬光禅师汲泉烹茗，谈诗论道：‘奚必金莲畔，恒耽泉煮茶。’”

如今韬光寺还有一口烹茗井，不少游客专门带了容器来，也是体会汲泉烹茗之乐吧。

下山回到天竺路，自灵隐寺山门向南直上到稽留峰北面，是中天竺法净禅寺。这座寺院是隋代宝掌禅师所建，他信仰摩利支天菩萨，传说活了 1000 多岁。尽管寺院几经废弃和重建，但种茶的传统一直还在，寺后稽留峰下还有 50 多亩自种茶园。

我们 4 月 1 日来到这里，正赶上法净禅寺一年一度的开茶节。最特别的是根据佛教仪轨而来的洒净仪式，身着黄色僧袍的僧人们步入茶园，走在最后的镇山法师主法，取杨枝净水遍洒。随后“禅茶”开采，每个来现场的人都能喝到一杯茶，吃到清明前后才有的艾草团子。

现场炒茶的是慧华法师，看他淡定肃穆的神情，果断的手势和力道，像是在修炼内功。问他禅茶仪式的细节，他摆摆手：“都是形式。我来教你们怎么来喝一杯茶。”他将我们带到寺里一处僧人办公的场所，墙上随意贴着各人练的字画，只中央一张四方桌，四把太师椅，辟出一块喝茶的小环境。他要我们调整呼吸，正襟危坐，然后无言清坐，一人一杯茶，静中求禅。

但我心里仍带着焦虑，很难一下子进入禅茶的境界。可见不论是禅也好，茶也好，都出自于心。不禁想起前两天在杭州第二大寺净慈寺，问住持戒清法师怎么阐释“禅茶一味”，戒清法师以一幅手书作答：“如是禅，如是茶，如是禅茶，如斯心。”

视“禅茶一味”为至高境界的日本茶道，其渊源则要追溯到南宋时期径山茶的传入。径山茶也很有历史，曾和龙井茶共同构成太湖南浙、

径山寺僧人日常茶具

天目东延的名茶。径山在杭州以西35公里，五峰环抱，径山寺就建在山上，如莲蕊一般。上山俯瞰，天目山从这里延伸出东西双径，东径通余杭，西径通临安，这也是“径山”之名的由来。唐天宝四年（745）法钦禅师在此开山，被唐代宗赐号“国一禅师”。有记载法钦法师“尝手植茶树数株，采以供佛，逾年蔓延山谷，其味鲜芳，特异他产，今径山茶是也”。到了宋代，径山寺更名列江南“五山十刹”之首，日本多位名僧来径山寺学禅，一住数年。

径山寺居士张涛说，日本有史料记载，南宋端平二年（1235），日本僧人圆尔辨圆上径山，师从无准师范，其后带回《禅苑清规》一书以及茶种、碾茶方法，创立了京都东福寺。到了南宋开庆元年（1259），又有南浦绍明至杭州净慈寺谒虚堂智愚，后随虚堂智愚至径山寺修禅，同时学习种茶、制茶技术及径山茶宴礼规。

张涛说，从20世纪80年代以来就一直有日本寺院的僧人前来寻祖庭，最多的一次来了200多人，但当时寺院一片荒芜，甚至明代的佛殿屋顶都倒在了村民菜园里，日本僧人看了直掉泪。90年代寺院开始复建，前几年又按照最辉煌时期的宋代式样再次重建，所以现在看到的是一座簇新的寺院。

如今径山寺只有方丈院是90年代留下来的，住持戒兴法师日常起居就在这里。我们进去时，戒兴法师正在院子里闲坐喝茶，一个僧人在旁拿扇子扇风，照管煮水的风炉，自有一派天然之感。喝的是普洱，因为寺院里饮食素淡，普洱暖胃。

戒兴法师说，径山茶以山门为界，分高山茶和平地茶，滋味差别很大。寺内的高山茶海拔高，一般要清明后采摘，制法多是烘青，比龙井更清淡含蓄。他说，月真法师曾打算把永福寺龙井、天台山云雾茶还有径山茶打包成杭州“禅茶”品牌，后来因为三种茶的采摘期不同而搁置下来。

而径山寺这几年正着力把南宋时期传到日本去的茶宴恢复起来，但因为史料已经散失，只好把日本东福寺的“四头茶会”带回来，加以改良：将宾客请至专用茶室明月堂，宾主四人围坐，茶头开炉煮茶，司客向宾主注茶，先宾后主，宾主品茶，然后论教叙事。

曾考证过径山茶宴的阮浩耕说，宋代茶宴是渗透在寺庙生活中的，是一种规格较高的待客礼仪，比如朝廷有官员来有茶宴，寺庙中有僧人受戒或任职有茶宴，每一天念经之后也有茶宴。不过，现在寺庙生活已经时过境迁，喝的茶也不再是宋时的抹茶了，如此复古似乎就只是一种表面仪式，不是禅茶的精神了。

西湖茶馆：人间有味是清欢

“茶道随意方才妙”，阮浩耕认为，就像这句老话说的，喝茶就是中国人的日常生活，有很多规矩就没意思了。他研究古人喝茶，也是大俗大雅的二元呈现：“有宫廷茶宴，比如宋徽宗有文会，召集一些大臣一起来喝茶；更有文人雅集，比如北宋的西园雅集，一直延续到明清；自宋朝起，喝茶也渗透到老百姓的日常生活中了，闲时喝茶，客来敬茶。南宋有一首诗，说一个农妇在鸡叫三遍天要亮时，就要为她丈夫安排好饭和茶，这说明在农村里，喝茶已经是日常生活，城市里就更不用说了。”

南宋时的杭州茶馆已经十分排场，而且形式多样，吴自牧《梦粱录》中有详细记载：一类是士大夫聚会高谈的“大茶坊”，“插四时花，挂名人画，装点店面。四时卖奇茶异汤，冬月添卖七宝擂茶、馓子、葱茶，或卖盐豉汤，暑天添卖雪泡梅花酒，或缩脾饮暑药之属。”一类是“人情茶坊”：专是五奴打聚处，亦有诸行借工卖伎人会聚行老。还有一类是集妓院、茶馆为一体的“花茶坊”，甚至茶馆还可以教你演奏器乐，“蹴鞠”娱乐……

阮浩耕说，明代之后西湖边的茶馆更为普及，到了民国时更是鳞次栉比，有不少故事都是在茶馆里发生的。比如民国时胡适和他的表妹曹佩声曾经在烟霞洞小住了一段时间，每日或闲坐品茗，或游山观佛，度过了一段神仙般的恋爱时光；弘一法师出家的念头也是从茶馆开始的。某日他约夏丏尊去湖心亭喝茶，夏丏尊随口说：“像我们这种人，出家做和尚倒是很好的。”说者无意，没想到听者有心。

如今名声在外的杭州茶馆，依然大多开在西湖边。比如湖畔居，三分之二的建筑都架在水面上，在靠窗座位向外眺望，“水光潋滟晴方好，山色空蒙雨亦奇”的湖光山色尽收眼底。

湖畔居总经理楼明说，三面云山一面城，茶楼的位置正好在城和湖接壤之处，天气晴好时，正对面的孤山、旁边的平湖秋月、湖心岛、雷峰塔，都一览无余。而所谓“晴湖不如雨湖，雨湖不如月湖。月湖不如雪湖”，不同的季节可以在这里看到不同的西湖。有如此景观，茶的滋味也会不同寻常吧。

与朝向城市的“外西湖”不同，绕到西湖以西不面向城市的“里西湖”，更有一种难得的隐逸之气。“浮云堂”就掩映在浴鹄湾西岸的一片竹林中，原来是黄公望隐居地“子久草堂”。这里如今的主人是支炳胜和 Vicky 夫妇，因为早年收藏茶道器物，他们便开始寻找一个和朋友喝茶的地方。

Vicky 形容，理想中的茶室就是明代张岱所谓“小船轻幌，净几暖炉，茶铛旋煮，素瓷静递，好友佳人，邀月同坐，或匿影树下，或逃嚣里湖”，好像就是眼前景象。

浮云堂空间不大，100 多平方米被隔成三个大小不一的茶室：最小的一间“容膝斋”最多只能容下两三个人；中间有两个格窗的就叫“小阁横窗”；临湖的一间最大，叫“丈室”，落地窗推开就可以借景，把对面的水和桥引到茶室里来。茶席布置借鉴了日本茶道，修习过日本茶道的 Vicky 认为现代人需要这种秩序感：“修习茶道是通过一步步严格设定的规矩，实现五感训练，让茶人对人性产生细微的思考和体悟，这

在『湖畔居』可将湖光山色尽收眼底

『浮云堂』主人支炳胜

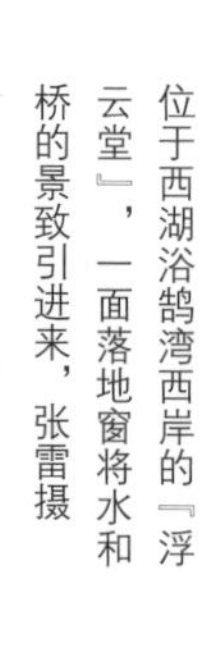

位于西湖浴鹄湾西岸的『浮云堂』，一面落地窗将水和桥的景致引进来，张雷摄

也会潜移默化地影响到喝茶的人。”

听杭州朋友说，当地人最喜欢去的其实是一种“自助茶馆”，既可以喝茶，也可以吃自助餐，常常约人一坐就是半天，午饭也解决了，而且这种茶馆在别的城市找不到。这有点像是《梦粱录》中记载的“分茶店”，从名羹到鸡、鸭、鹅、虾、蛤、淡菜、鱼干，从荤素包子到四时果子，品类有上百种。

庞颖说，这种模式是紫逸阁茶馆在20多年前开创的，当时店里卖台湾乌龙茶，客人喝了容易饿，就煮个茶叶蛋啊，下个小馄饨啊，包个小粽子啊，很多客人就冲着这个来了。老板一看这种形式特别受欢迎，就又增加了瓜子、花生、糖果、蜜饯、水果，成了很大的阵仗。后来其他城市也来仿效，开了一批这样的茶馆，但都倒闭了。庞颖说，因为只有杭州人既有茶，又有钱，又有闲，还爱吃这些鸡零狗碎的吃食，这些因素缺一不可。

我们挑了个午饭时间，专门去现在杭州最大的自助茶馆——青藤茶馆体验了一番。青藤茶馆的老店开在商圈密集的南山路上，一进门就感觉到人声鼎沸，一派热闹的烟火气。

青藤茶馆创始人之一毛晓宇带我参观，室内设计成了江南园林的样子，虽然有将近5000平方米，但感觉上曲径通幽，以小见大，“因为传统的茶馆都不大，看上去亲切”。她说，茶馆有很多十几年的老客人，有的是从前带孩子一起来，后来孩子也结婚生子了，就三代人一起来。

正说着，一个刚进门的客人亲亲热热地招呼她：“毛毛，好久不见啊。”看店内几乎满客，靠窗的座位都没了，这个老客人有些失望，毛

理想的饮茶空间，就如古画中那样山间茅屋，临泉而坐，饮茶论道。张雷摄

『浮云堂』茶空间内部

『浮云堂』茶空间外部

晓宇忙吩咐经理："看有没有取消的订单，给找一个最好的位置。"

我们也找了个座位坐下，菜单是根据茶类，每位 88 元起价，小吃任选：最抢手的是红烧鸡爪；应季的有笋片、芥末虾仁；现做的主食，比如片儿川、猫耳朵、馄饨；还有些杭州特色茶点，橘红糕、枣泥糕、焦桃片等。食物很诱人，只是要习惯这里的嘈杂环境：聊天的、打牌的、玩狼人杀的……如毛晓宇所说，这个大茶馆是接地气的，包罗万象的。

喝茶时要不要吃点心？阮浩耕说，古人对此是有争议的。明代文人就很反对，他们认为这会影响喝茶时的味觉和嗅觉。如果真的要吃点心，有两个原则，不夺香、不夺味，所以茶点要素淡。但到了晚清和民国，喝茶时吃茶点成了一种风气。

红学专家邓云乡是杭州女婿，他曾经专门写过一篇文章谈西湖龙井配什么茶点。邓云乡最爱九芝堂的焦桃片，是把米粉、核桃、芝麻混在一起，切成薄片，然后烘干，会有一点芝麻和核桃的香气，很脆。喝龙井时吃两片焦桃片，是绝配。

庞颖说，现代人对环境要求越来越高，自助茶馆并不好经营，但很多茶馆都会供应一些茶点。像她开在灵隐寺附近法云安缦酒店里的和茶馆，也会给客人提供时令餐食。比如龙井鸡汤，就是把龙井干茶炖在鸡汤里，只加一点盐调味，鸡肉的味道入口更油润细腻，汤也更加鲜爽。

杭州人喝"早茶"也是一景。阮浩耕说，不像广州人喝早茶大都在饭店酒楼，一壶茶加几碟点心，且饮且食，杭州人的早茶就在西湖沿岸的公园里，一大早坐上公交，步入公园茶室拣个舒适座位，坐拥湖山美景喝一杯早茶，只花一块钱，是真正的"一元茶室"，这让外地人艳羡不已。

杭州特有的自助茶馆——青藤茶馆

青藤茶馆茶点

『和茶馆』的龙井鸡汤

按照阮浩耕的指点，我们早上6点多来到西湖西岸的花港公园茶室，发现茶客们差不多都到齐了。以老年人为主，自带茶杯和茶叶，茶室提供座位和开水，可以在那里喝茶，聊天，跟着收音机唱戏，还有几桌在打麻将、玩扑克。很多老茶客喝早茶的习惯已经保持20多年了，早晨5点多到，和老朋友们见见面，聊聊家常，7点游人一来，茶客们就散了。

雅集：琴棋书画诗酒茶

有感于当前中国人对于中国茶道的困惑，很多茶人一味跟风，中国美术学院民艺博物馆执行馆长吴光荣2017年策划了一个中国茶生活艺术展览。当时展厅里就挂了宋徽宗的《文会图》、文徵明的《惠山茶会图》、陈洪绶的《品茶图》等古画摹品，画中山间茅屋，临泉而坐，饮茶论道，借此来营造一种意境。

吴光荣觉得，中国人的兴致就在于此，以茶为媒介，与朋友相聚。古人往往不是把喝茶当作一个独立的活动来进行，而是闲暇时，观山看水，赏花望月，弹琴读画，皆有茶伴。

明代以来，更出现了茶寮文化，文人士大夫在其中享受“琴棋书画诗酒茶”的隐逸乐趣。《考槃余事》中说：“茶寮，构一斗室，相傍书斋，内设茶具。教一童子专主茶役，以供长日清谈，寒宵兀坐。幽人首务，不可少废者。”

泡茶有法，主张山堂夜坐，亲自动手，观水火相战之状，听壶中沸水松涛之声，品茶杯中喷香的袅袅茶烟，置身于云光缥缈的仙境之中。雅集的人数也有讲究，张源在《茶录》中说：“饮茶以客少为贵，客众则喧，喧则雅趣乏矣。独啜曰神，二客曰胜，三四曰趣，五六曰泛，七八曰施。”

要登临高雅之境，还要跟高雅之士在一起，如徐渭说可以一起饮茶的茶侣：“翰卿墨客，缁流羽士，逸老散人或轩冕之徒，超然世味者。”

阮浩耕在 2005 年曾对杭州茶馆做过统计，当时大大小小有 60 多家。十几年过去，三分之二的茶馆都消失了，而且是在茶叶消费量大幅度提高的背景下。相应地，喝茶越来越私密化，转向小众的“茶书院”，或者干脆将茶室搬到自己家里。

两年多前，邓鑫和几位好友合伙开了一间茶书院“湖隐”。起初就是想找个一起喝茶的地方，想借景西湖，又不想太喧嚣，于是在北山路上找到一间老房子，就在新新饭店的百年历史建筑群里，一街之隔，隐于西湖对岸。

空间不大，细看却混搭丰富，正如这里不同背景的五个主人，有设计师、摄影师，有茶道具的玩家，也有造像、书画、家具的藏家：进门处是韬光寺住持月真法师的题字“湖隐”，室内放置着明式的大小头柜、霸王撑四平长案、榉木南官帽椅；墙上挂着隐元禅师的“鸟鸣山更幽”、木庵禅师的“煎茶会亲友”、江户时期的筑前琵琶，却还有耶稣浮雕像；茶几上摆放着公元3世纪的犍陀罗佛像，条案上是明代的木雕罗汉，耳边传出的确是巴赫的“大无”……邓鑫说，这就是他们做茶书院的初衷，一个好友们喜爱与分享的地方。

藏在浙江大学西溪校区人文学院古籍馆里的“集古学社”则是一个更加隐秘的饮茶地。集古学社秘书长黄晨说，这里不对外经营，但对学生开放，也算是一种潜移默化的文化熏陶。这个空间看上去像是一个扩展的文人书房，借鉴了明代的茶寮布置，有高至房顶的书柜，还有书桌、琴案，茶室则与书房相连。

茶桌是一块收来的汉砖改制，除主人泡茶外，还有三人喝茶，黄晨拿出三只杯子，取道家的“三清”——玉清、上清、太清。黄晨说，无论什么活动，都有茶。

他形容，正如甘草是中药里面的和事佬，几乎配所有的药都会放，茶其实是人际交往里面的甘草，跟所有的东西都是可以相融的。黄晨不把这些活动叫作“雅集”，他觉得，像是北宋的西园雅集，参与者都是李公麟、苏东坡这些文豪大家，而且他们相互之间是能够应和的，有人弹琴，有人作诗，不是旁观别人的表演。所以黄晨只将集古学社的聚会称“闲集”，几个闲人，聚在一起，焚香、品茶、挂画、插花，享“四般闲事”之乐。

早就听说杭州文人雅集上最有名的有两个人，一个是中国美术学院国画系教授林海钟，另一个是浙江音乐学院国乐系主任杜如松。林海钟擅画西湖山水，而且常常兴之所至，即兴提笔，比如他自己在北山路的画室“双桂轩”，还有庞颖开在法云弄的和茶馆，都可见他的题壁之作。而杜如松擅笛箫，灵隐寺每年举办云林茶会都会邀请他来吹奏。

在朋友的私人雅集中，两位好友也常常相携到场，翩然如二仙。两人合作的绝活是一人吹笛，一人作画，笔墨与音律相应和，一曲终了，画也刚好落笔。林海钟说，曾有一位美国人类学家还专门以他们为研究对象，因为难以想象在现代社会中，竟有人这样如古人般生活。

这次因为共同的好友——香港非物质文化遗产咨询委员会主席郑培凯来杭州，三人约在双桂轩相聚。林海钟让我先去他南山路的另一处画室找他，这是间普通公寓，但经建筑师王澍改造后更像个室内园林，中央是一片水面，四周的空间像是一个个浮在水面上的亭子。打通了隔墙之后，剩下二十四根柱子，有宋代式样，干脆叫“二十四柱堂”。

林海钟说，他小时候住在宝石山的东面山脚下，后来也在南山路的美院上学教书，一直也没离开西湖，西湖就是他的“湖中天地”，他画中游观的山水。

从南山路“二十四柱堂”到北山路“双桂轩”步行要40多分钟，他提议一路走过去。游人如织，但他走得很快，如入无人之境：“西湖是一个情境丰富的地方，如果用佛教的语言来说就是‘具足’，我不愿意离开西湖也是因为这点。一会儿很繁华，一会儿很安静，一会儿又很绚丽，几分钟后可能又走到一个没有人的地方，很苍古，感觉像进了《水浒传》里面的野猪林，突然会跳出一条大虫来。”

浙江音乐学院国乐系主任杜如松（左）和中国美术学院国画系教授林海钟（右）

一路看景，不知不觉就到了北山路，再绕到半山上的小路就有山林之幽。林海钟说，古时这一带有很多小寺庙，从这里一直到灵隐寺，可以一路拜过去。

双桂轩就在玛瑙寺旧址里，从一个不起眼的小门进去的院落，院子里种着两棵桂花树。今天聚会的主题是林海钟刚刚画好的一幅新作，沧浪之水四季的不同景致。

林海钟想请郑培凯来题字，因为他擅长书法，而且又对昆曲有深入的研究。一会儿郑培凯和杜如松到了，三人一边喝茶，一边展卷欣赏。郑培凯在画后写下："适逢清明时节，桃花盛放，吾友海钟召余双桂轩，为一日之饮……画沧浪亭，写牡丹亭故事，亦园林戏曲之艺术穿越……"这样得山水与友人滋养的茶会，才会像民国茶痴周作人所形容的那样，"得半日之闲，可抵十年的尘梦"吧。

* 本文作者贾冬婷，《三联生活周刊》主编助理，摄影张雷。

巴蜀茶馆：一碗茶里的市井与欢愉

一旦变成正式或夸张的做法，就违反了巴蜀的茶馆精神。

生活程序

茶馆并非生存空间，而是纯粹的生活空间。我到重庆的交通茶馆和成都彭镇观音阁茶馆时，感觉这种生活和当下茶空间之中常见的“和、静、清”之文化标准、审美趣味大相径庭。

交通茶馆位于重庆九龙坡黄角坪，半地下的门洞，两侧墙体的小广告都看不清了，地面黑得发亮，走进去，那弥漫的烟气就让人胆怯三分。画家何多苓说要的就是这个脏劲儿，一块砖、一根梁都不能粉饰。东张西望的做法显然是不入流的，我进来时正好一拨穿金戴银的客人饶有兴致地拍完了照往外走，她们似乎是茶客们最不欢迎的类型，观光拍照却不喝茶。

还没找到座位，女堂倌就来了。“喝啥子？有沱茶，有普洱……”我以为沱茶时髦且贵，女堂倌眼中流露出讶异和不以为然，原来沱茶只三块钱，花茶五块。一大包葵花子又香又饱满，将所有的炒货店都比了下去。

老茶馆里，茶客分三等，从器皿的材质、形状，就可以一见高下。玫红塑料壳保温杯、年久失洗的棕黄玻璃罐、编了线绳把盖和杯连起的巨大的搪瓷茶缸子，甚至还有儿童水瓶……这些奇绝的器物都属于茶龄30年以上的茶客。一旁的大木架子上，全是各式各样的杯子。他们有

沱茶只要三块钱，交通茶馆里沉淀着岁月的安闲

自己的固定位子，天井之下围的是下象棋的，打花牌的“听用”和“财神”挑出来扔在一旁，完全当观光者不存在，自得其趣。

用蓝白瓷茶缸子的基本是中年茶客，我眼前这位，见我们两人过来拼桌，先毫无顾忌地吐出几串烟圈，把自己面前的报纸不停地抻展、抖响，煞有介事，眼皮不抬。然而直到我离开，他也不过是掏出圆珠笔，在报头上写了几十个“中”字而已。

我们这样用盖碗的，一眼就会被看出是“不知就里”派。来得早的，端坐在天井正当中，桌上摆着四个“单反”，却因为气场太弱，不敢对周围人下手。挨着窗户的长条靠背老木凳，都留给到此一游的时髦的年轻客人。我左手边的法国女孩淡定地吹着盖碗里的花朵，忍受着她旁边

交通茶馆里气定神闲的老茶客

用不锈钢大海杯的大爷，将条凳打横，两条大腿横劈在上面，脱了鞋晾脚。张恨水写重庆的小茶肆里，人们的东倒西歪，排列支架的竹椅，“客来，各踞一榻，虽卧而饮之。……购狗屁牌一盘，泡茶数碗，支足，闲谈上下古今事……”。

早上6点，茶馆开门，钥匙掌管在茶客手里。早客是老茶馆格外关照的，他们大多是因生计需求起得早的，也是老茶馆的常客。堂倌给他们的茶叶最多，浓郁滚烫，一口下去熨帖无比。

“一早一晚，满坑满谷”就是交通茶馆典型的景象。但与扬州、广州等地的“早茶”不同，重庆人早上也仅仅喝二三十分钟，纯为喝茶而来。热爱馥郁芬芳是自古以来由于地理环境形成的习俗。“其辰值未，故尚滋味，德在少昊，故好辛香。”（《华阳国志·蜀志》）前一晚的火锅串串尚留存一点不舒服，早上在成都非得“啖三花”，重庆则是酽沱茶。

“今天‘吊堂’，人少，等‘打涌堂’必须等到周末。”茶馆“老板”陈安健在四川美术学院教授油画课，他并不经营，只是每个月付给茶馆现金补贴用度。尽管这样难找座位，交通茶馆却不赚钱。

虽然环境看上去颇具“袍哥”气质，交通茶馆却并没有那么长的历史。这里初创于计划经济时代，是服务于国营运输公司的旅馆加茶馆的混合

很多茶馆就这样几十年没有改变一砖一瓦［左页图］

体。社会制度已经演变，交通茶馆却一点没改地保留了下来，茶钱前两年还是 1.5 元，今天也不过 3 元到 5 元。陈安健从未想过“商业化”。

他的《茶馆》系列油画独树一帜，全以自己浸淫茶馆得到的乐趣为主题。茶客们是他多年的模特，对他展露出本来的温存面貌。他画面里的真实、新鲜热辣，是交通茶馆几十年时光的一些片段。陈安健以自己的理解，在茶馆里画了许多年。在他眼中，交通茶馆本身活着，哪怕是脏兮兮的，也是世间难得的纯净角落。

川渝的茶馆文化虽然拥有广泛的群众基础，但乍一看对茶的讲究却欠了几分。一杯盖碗茶能喝一天，很少有人换茶，除了“鲜开水”冲泡，仅仅就是分出了“甘露”“竹叶青”“碧潭飘雪”这几个相对高档的级别。茶甚至可以被菊花、柠檬取代。

宽窄巷子里的老茶馆“可居”的老板娘肖烈说，如果按照茶艺馆专注于茶本身的“清饮”标准，茶馆的茶，应该和茶艺馆区别对待。她喝岩茶、普洱，玩精巧的宋瓷，其下女将们都略能抚琴，她家的茶，“是琴棋书画诗酒茶的茶”。在传统文人理念里，吃茶先得有好友精舍，甘水洁瓷。跟“可居”“遥里”的精致相对照，交通茶馆和观音阁是茶的另一面。

川渝茶馆的热闹、舒展，是茶在中国人生活中另一个维度的自由。“本身并不轻视它，也不重视它，唯有经别人发现后，就认为了不得了。”

本地作家朱晓剑喜欢漫游成都的小街小巷，去不张扬的小茶铺喝茶。“生活和茶一样，本来就是流动的。”“啖三花”是典型的成都生活。现在走进川渝两地的茶馆，会发现本地茶几乎全面占领了茶馆。

宽窄巷子里的『可居』

『遥里』茶馆的茶具

成都双流彭镇观音阁茶馆，前一晚吃了火锅，早上还是喝一口『啖三花』舒服

蒙顶甘露、黄芽、碧潭飘雪和竹叶青不在话下，还有青城山、峨眉山、花楸山等产区的绿茶，名气虽不响亮，却都被成都人喜欢，更有谈不上是茶的柠檬、菊花、荷叶、苦荞、蜡梅等，用川西的花花草草做成的茶。在茶馆喝什么不重要，重要的是氛围。“成都人并不想从喝茶里喝出一番高深的哲学，而是对喝茶本身有一种彻悟。”

茶在发源地之一的四川，自唐朝起产量大而质量高，到了明朝，茶已进入四川人的日常生活。根据一篇1942年的写成都茶馆的文章记述：“所谈无非宇宙之广，苍蝇之微，由亚里士多德谈到女人的曲线，从纽约的摩天大楼谈到安乐寺。”

这篇70多年前的文章，对于“好逸恶劳”之类的泛泛指责发出了不平之声，讥讽批评者们“带着一副西崽相，来到大后方”，自辩“我辈吃闲茶，虽无大道成就，然亦不伤忠厚。未必不能从吃茶中悟出一番小道理。不赌博，不酗酒，不看戏，不嫖娼，吃一碗茶也是穷人最后一条路”。

这“最后一条路”的说法看似委屈，却相当有杀伤力。社会进步到今天，成都的茶馆保持了百多年前“十铺一茶”的比例。即使在勇敢地捍卫茶馆文化，当时的四川人内心深处，对于茶馆和坐茶馆的生活方式依然缺乏坚定的信心。

现在，对照中国传统文化里很多精美绝伦的形式都已经消亡的情况，成都闹哄哄的不讲究的茶馆反而出现了史无前例的繁荣。

谭继和是四川省历史学会会长，至今，这位四川省社科学科带头人都把三人左右的小型学术会议放在社科院门口的茶楼里。天清气爽时，他就和同事去不远处的百花潭公园喝茶。百花潭公园里的茶座非常多，置身盆景园满眼皆绿，在百鸟园又觉得莺啼婉转，临水处撑起的阳伞，拱桥上的少女等待赴约的恋人，无论在哪里喝茶，所见俱是美好。

除了本地学者，大量外来文人也对在四川喝茶有美好的回忆。抗战时《历史研究》的主编黎澎在成都做编辑，专门去茶馆写文章。朱维铮教授常向人讲述，复旦大学南迁重庆时，学生们因为宿舍条件简陋，都喜欢去茶馆做作业。

谭继和的夫人祁和辉是中文系教授，20世纪70年代末编纂《中国现代文学史》时，去金陵大学校长家做客，她说：“校长的爱人在小轩窗下为我们准备了上好的香片，他们的花茶没有花，老校长说有花俗气。

我说，我们四川的盖碗茶，茉莉花要浮起来的，用盖子漂一下花瓣，动作很轻很美的。”对我回忆起这小小的争辩，她说想起来很不好意思，却有维护四川花茶的执着可爱。

大慈寺位于闹市中心，是名副其实的都市禅林

20 世纪 90 年代市中心大慈寺庭院里的茶桌，每月 15 号会自然地汇集一大帮文人组织文学沙龙，有作家、收藏家、编辑，本地人和外地人，随便参加。藏书家彭雄所著的《茶馆问学记》里，对茶馆里的讨论记述高达 211 次。大慈寺和文殊院的茶客与香客几乎一样多，茶费极低，是名副其实的都市禅林。

平等是成都茶馆最大的特色。“铜壶冒着蒸汽，漆得光亮的桌上，放着花瓷茶碗，人们坐在竹椅上，茶房把绣花坐垫拍得松软。乞丐拖着痛苦的腔调，人们的交谈淹没在悲伤的小曲中。”韩素音在她写的传教士家庭史中将成都的茶馆描绘出市井的样子。曾经茶馆还有允许穷苦人

喝剩茶的规矩，叫喝“加班茶”，后来虽然因为不卫生而取缔，但宽容仍在。

在四川，喝茶的地方从来不是一个封闭的空间。川渝地区的交通曾经依靠水运，行人周转的河岸上总有茶铺，摆几把竹椅子喝茶，至今仍是川渝地区所有小镇找茶馆的不二法门。“河水香茶”是民国年间流传下来的幌子，街沿、桥头、庙前、广场、树荫，茶馆当街的地方大开门面，就是方便顾客进出和观看街景，也招引街头行人一窥茶馆风光。熙熙攘攘的氛围极具感染力。

开敞，是成都人喝茶的心理和生理双重需求。竹椅大多能让人舒服地打个盹儿。很多人研究竹椅的角度，如何符合人体工程学，殊不知这

茶馆里的竹椅被茶客们经年累月躺成了最舒服的姿势

都是经年累月茶客们最舒服姿势的杰作。

以最讲究的薛涛井水冲泡顶级蒙山茶，价格却极便宜，是长卷风情画《老成都》里所描绘的公园里绿天茶社的实景。画中的成都人除了穿衣打扮，那花树之下的安闲恣意，和今日的成都完全一样。

除非需要打麻将，大部分茶馆的营业场所，看上去都是室外可以占用的空间“坝坝”，在成都这个阴冷时间长的地区，在冬季“喝坝坝茶”，出来“烘烘太阳”的时候简直是蔚为大观。

这盛况至今仍让外地人震撼。进入人民公园，穿花拂柳经过的一座桥也是由鹤鸣茶社修建的。正是因为占道经营，1938 年，老板熊卓云挽救了几近倒闭的鹤鸣，名声大噪。后来熊卓云将座位增加到了 500 个。今天在人民公园内，想在鹤鸣找人还是一件困难事。

虽然茶是国饮，大江南北的城市乡村都有茶馆，但没有一个城市像成都一样，茶馆变成了每一个成都人的日常生活程序。20 世纪 30 年代知识分子们的记述中，“平民化”是他们对成都茶馆最大的感慨。作为读书人，何满子在其他城市没有勇气光顾太高级或太底层的茶馆，在成都却无忧无虑地把茶馆当成了自己的办公室。

“警察与挑夫同座，隔壁是西装革履的朋友。大学生做自修室，生意人做交易所。”黄裳在 1931 年路过广元，因为客车中转，在江边茶馆里喝茶一碗。“一个人泡了一碗茶坐在路边茶座上，对面是一片远山，真是相看两不厌，令人有些悠然意远。后来入川越深，到成都，可以说是登峰造极了。”

公共空间

如今走到成都公园茶座之中，依然能听到那种震得人从牙根麻到耳朵根的“丁零零零”的金属夹子的声音。地理学家 G. 哈巴德记述成都：“商人忙着赶路，到店铺或到茶馆里去见他们潜在的买主或卖主，小贩们用特别的声调、哨子、小锣、响板招揽顾客。”现在递热脸帕、装水烟这些项目已经无存，算命的倒还留着。

走进成都的茶馆，声音得先提高几个分贝。“提‘纲’挈‘领’”，“80后”相声演员贾晓荻脖子一扬，右手往右斜上方猛地一伸，袖子自动缩下去半寸，他的表情特别正经还带点不耐烦，模仿着声音最大的“老板”：“老子在打大哥大看到没得。”

茶馆里说话声音要大到什么程度呢？虽然还不至于嘶吼，但还真的是要不断地喝茶润润喉咙。我在鹤鸣茶社约相声演员杨子聊他的三国段子，说得再热闹也得贴着对方说才听得清楚。奇怪的是，周围的人在说什么却听不真切。“豆花、凉粉凉面”在均衡的调子里，穿过层层聊天钻入耳膜。

难怪老作家马识途回忆道：“在四川，地下党的许多次接头都是在茶馆里进行的。鹤鸣茶社出来，隔壁的老川菜馆‘努力餐’也是地下党活动的据点。那个时候茶馆里都是小桌子，桌子后面是竹藤椅。我们说话的时候用的是隐语，接头的能够听懂，外面人听到也没关系。在茶馆都不关心别人说什么，所以特务就容易被识别，因为特务非常关心茶馆里都在说什么，看见有人偷偷摸摸东张西望，基本就是了。”

作为特有的公共空间，重庆的茶馆不如成都发达。奇怪的是，对比半个世纪以前的数字和当下的数字，成都的茶馆不仅没有减少、衰退，还越发兴旺发达起来。表面上看茶馆是小本生意相当脆弱，实际上它们都是在艰苦条件下幸存成长的。

近 100 年成都涌入了大量的外来人口，成都的茶馆与欧洲的咖啡馆、美国的酒吧一样，承担了非常多的公共功能。清澈的江水环抱成都，吴虞的日记中描述过一家西城门外河畔的茶馆，据他观察，星期日最少卖出七八百碗。河水和幽深的竹林是茶铺最典型的景色，“天气好时，尤其是躲警报的日子，茶馆前后都拥挤不堪”。

1942 年的《华西晚报》上一篇关于成都茶馆的文章畅快淋漓，理直气壮。当时正好是全中国的知识分子“发现”大西南的年代，茶馆作为地域文化，一马当先。成都的茶馆自民国以降，在数量上远远高于任何一个中国城市，是城市经济当中最重要的传统地方商业形态。翻看晚清到民国的史料，关于茶馆的规章在不断颁布修订。

作为公共空间的茶馆承担了非常多的社会角色。在当时本地官方文本里，茶馆大多以被批评的形象出现。1945 年，四川大学校长黄季陆以“易藏奸宄”为由要求取缔川大学生宿舍道路两旁的茶馆、酒馆，然而并没有用。一份茶馆老板们抗议政府对茶馆太苛刻的信中写到，四川自古是产茶区，成都人爱喝茶是天性。

西南联大的闻一多发出感慨，喝茶是过日子的最低标准。关于海派和内地，中与西，新与旧，地方与国家，种种都可以牵扯，战时关于茶馆的争论其实远远超出茶馆本身。

今天茶馆里最贵的是当春头芽的蒙顶甘露，26元一杯。大多数茶只要十来块钱。作家马识途从抗战时到后来都最喜欢来人民公园的“鹤鸣”和春熙路的“枕流”。“无论哪个档次的茶馆都有一个传统特点，就是花费不多。”中午离开的人把茶碗扣上说一句“留到”，下午来还可以继续喝。

在成都喝茶一旦碰上朋友，抢着付钱就成了必须。“收小不收老，收富不收穷，收生不收熟”是堂倌们自然明白的人情。20世纪之前，关于四川茶的诗词极多，茶馆却只集中体现在“竹枝词”中。

“竹枝词”发源于四川民歌，明清以来在成都极为发达，成为记述市井民俗风貌的“辛辣机巧”之作。“文庙后街新茶馆，四时花卉果清幽。”晚清知县的记载中，一开始只卖茶的茶馆和北方茶馆的形式差不多，仅供解渴，“当街设桌，四方板凳”，“茶馆”是常用词。进入民国时代后，四川茶馆开始极速繁荣发展，“茶铺”和“茶社”是当时更普遍的说法。此后茶园提供戏剧娱乐，茶楼又有评书，但并不严格区分。

女宾茶社如何兴起，如何约在茶馆旁边的体育场打网球的现代生活，也可以从“竹枝词”里找到佐证。1912年，因为没有严格区分男女区域，悦来茶馆因“破坏礼教”的罪名遭到军政府关闭。“全城不知多少，一街总有一家。小的多半在铺子里摆二十来张桌子，大的或在门道内，或在庙宇内，或在祠堂内，或在什么公所内……”

按1909年到1951年的成都茶馆数量统计，茶馆数量一直在500家至800家之间。人口最多最繁华的上海只有164家，同时期成都有600多家。根据1932年的《新新新闻》报道，辛亥革命之后成都茶馆猛增至1000多家。诗人流沙河也印证过这个数字。

抗战期间，外省文人将大部分逗留时间奉献给了茶馆。当时西南大后方物质条件简陋，但是茶馆却给异乡人提供了基本的生活保障。张恨水写大轰炸夜，在朋友家喝沱茶，却是色香味俱佳。即使几个月不知肉味，偶尔吃一顿好的，也得“趋小茶馆，大呼沱茶来”。

当时西方人把成都的茶馆写作“tea-drinking saloons”，留学法国的吴稚晖也说成都的茶馆赶上了巴黎的咖啡馆。19 世纪后半叶以来，自由劳动力的增长是城市最重要的发展之一。成都城市的繁荣，经由 20 世纪战乱中起步，作为与城市同时发展出来的公共空间茶馆，作用相当广泛，能为大量离家的流动人口提供服务，成为人们的休息地。

写作《茶馆——成都的公共生活和微观世界》的历史学者王笛认为，成都的茶馆，很像美国城市的酒吧。“20 世纪里美国工人阶级的酒吧文化经历了一个长期、缓慢的死亡过程，但是茶馆文化却坚韧得多。”王笛论述道。

“尤其郊外式之小茶馆，仅有桌凳四五，而于屋檐下置卧椅两排，颇视北平之雨来，仰视雾空，微风拂面，平林小谷，环绕四周，辄与其中，时得佳趣，八年抗战生活，特是提笔大书者也。”成都茶馆依然谈不上豪华的装修，张恨水对于成都茶馆却是敬佩与欣慕，能够在战争期间依然保有一杯茶，时间的流淌竟然如此缓慢。

“不怎么高的屋檐，不怎么白的夹壁，不怎么粗的柱子，不怎么亮的灯火，一切情调是那样的古老。我们自觉早到晚都看到这里坐着有人，各人面前放一盖碗茶，陶然自得无倦意。有时，茶馆里坐得席无余地，好像一个很大的盛会。其实，各人也不过是对着那一碗盖碗茶而已。”

近50年里，历经日益强化的现代化进程，及来自经济、政治、文化多方的挑战，今天茶馆依然是成都市中心各大公园、文创基地，沿河居民过道上，乡镇菜地之间，丘陵果树之下，农家小院之中最最值得品味的生活。

20世纪50年代以后，成都的茶馆也关闭过很长时间。朱德60年代到成都要喝盖碗茶，批评了关闭茶馆的不当。当时马识途听了这个消息十分兴奋，但是“也不过兴奋一下，茶馆终究是不革命的标志”。

20世纪80年代以后四川城乡茶馆再度兴起，而且更加发达，马识途很多年不进茶馆，但到75岁以后，“终于免除了心为形役的苦恼，才悟出了无事乐的道理”，重归茶馆寻求快乐。

快乐本身从来没有发生过变化。“散着出去，散着回来”是四川特有的脱口秀“散打”的精髓，也是四川茶馆的衍生成果之一。《让子弹飞》里张默吃凉粉的那一段，就是一个非常典型的四川故事。“到底是一碗还是两碗？”整个故事是马识途取材于茶馆龙门阵里的《盗官记》，都是四川“散打”里天马行空、不可以平常逻辑度量的叙事精髓。

“李伯清最厉害之处在于他的共享性。”在闲亭茶馆，刚刚下台的贾晓荻开始给我“摆”。“95后”小任手执一副快板，边给我的茶碗添水，边随着贾晓荻的娓娓道来打出节奏，贾晓荻本来只是聊天并不是表演，但每到抑、扬、顿、挫之处，小任那不疾不徐、恰到好处的“啪啦”一声就特别提劲，有味道。

四川幽默里的“共享性”，与茶馆的“开敞”有一脉相承的灵魂。走出闲亭茶馆的大门，贾晓荻在门口“鬼饮食”摊档上坐了下来，端起

闲亭茶馆里喝着盖碗茶，台上哈哈曲艺社的年轻演员正在用四川方言说相声。

一碗白花花、颤巍巍的蹄花汤。哈哈曲艺社以“80后”“90后”相声演员为主体，目前驻扎三个茶馆，除了相声，也有评书。

曲艺在今天的茶馆里日趋没落，相声却一枝独秀地生存了下来。茶费只分48元和78元两种，挨着桌子的价位略高一个档位。在这个到处用收来的青砖砌起的高屋之间，不过八张方桌。贾晓荻最爱看台下茶客“一根香烟袅袅升起”，带着闲心有一搭没一搭地哈哈乐。

“今天大家来到我们这个茶馆寻欢作乐……”他抖了个包袱，“寻找欢笑，坐着图一个乐。”他与台下观众互相调笑、满不在乎，笑话说得飘逸，让我想起沙汀写的那个茶馆里的男主人公“幺吵吵”：“这是那种精力充足，对这世界上任何物事都采取一种毫不在意的态度的典型男性。他时常打起哈哈在茶馆里自白道：‘老子这张嘴么，就这样：说是要说的，吃也是要吃的；说够了回去两杯甜酒一喝，倒下去就睡！’”

喝茶时听到的方言，把四川话的独到魅力发挥得淋漓尽致。贾晓荻在广播电台用“牙尖”的腔调评点时事摆龙门阵，和“川话嘻哈”一样都具有极强的感染力。

四川的茶馆集文化、经济、政治功能于一体。扯乱弹和摆龙门阵都非得在茶馆不可，马识途写茶馆里的人可以发挥演讲天才，绘声绘色地描述各种故事。

“普通人摆龙门阵就是坐着聊天，不熟悉的人也可以过来听，可以来谈，甚至可以给你讲的事情里加一些东西，一件事情在茶馆里传来传去就变得丰富了。这也是种民间创作，对生活的理解非常深刻，我从中取得了很多素材。”

寻找自在

刘海遥是个爱茶的现代派。“为什么壶嘴那么长？因为给黑老大倒茶不能偷听，站在茶馆灶边，远远地、精准地把开水注入客人杯中，是茶博士不动声色的功夫。”

刘海遥是十足的茶空间老板娘。在茶家十职学习过，也涉猎过日本茶道的里千家、表千家和武小路家的茶道课，越学越觉得自己骨子里喜欢的茶并不是这么回事。

“日本茶道中的仪轨并不是为了舒适，什么时候称赞茶碗，怎么转动——正因为被严格束缚，因此我更知道自己钟爱的是什么。”

她的茶室里有一个严格的和式茶屋，按照仪轨布置成“草庵”风格，低矮的茶室入口只能爬进去，连通后面的小水房也没有丝毫马虎。

但在人们常来常往的自家茶室进门的地方，刘海遥垒了一个巨大的火塘，周围一圈 8 个扶手椅，谁来了都自自然然地落座，当中的老铜壶煮着黄茶，角落银壶里温着净水，解渴之后，再用白瓷盖碗泡上今年的

茶室里的修竹和火塘，是刘海遥心里的茶之境

甘露。这不温不火的热度在南方的春天室内显得如此温和，彼此不熟悉的人也不觉得拘泥和尴尬。

刘海遥的祖父曾在重庆北碚开过一个茶馆，当时属于开明有趣的绅士办的茶馆，吸引的是年轻知识分子和女眷，清谈的风气一直保存下来。

“早年间父母支援三线建设，我们从重庆到了贵州。冬天阴寒无比，我父亲动手将五层楼的楼顶捅出了一个大窟窿，自己在家里垒起了一个火塘，炭火上永远咕嘟着开水，烤着橘子，那温度和烤橘子的香味就在我的记忆里。”

茶馆是市民的自由世界。一个小巷里的茶铺一定是巷子的社会中心。茶馆里不仅有吃喝玩乐，甚至有人理发、修指甲。茶馆生活不仅容纳了普通民众的个人行为，也为社会组织服务。20 世纪 80 年代最时尚的成都茶馆里，老板们会特意在固定位置安一部自己的电话座机，有些人甚至安两部，将茶馆用作办公地。

在开敞的公共空间里维系独有的社交氛围，而在绝对的公共空间，茶馆始终保持着微妙的距离和平衡。得益于自古代就十分完善的灌溉系统，成都平原农业高度发展，以散居模式生活。吃了辛辣，再去茶馆，

“饭吃得还快一点，喝茶是一坐三四个钟点”。

直到今天，成都市民的上班时间都不固定。一到出太阳的时节，办公室里空无一人。喝茶的时间是开放的，茶馆里的文化社群早在民国初年便形成了风气。岷江大学集资修建校舍的游艺会就在悦来茶园举行，中国红十字会筹建也被政府允许免费使用万春茶园两个月。鹤鸣茶社也是川内大学教师的招聘场，每年阴历六月和腊月，各个学校的校长就去鹤鸣面试新教员、续聘书。成都战时是知识分子的大后方，竞争激烈，几十年下来有了“六腊之战”的传统。

很多年后，王笛在学术会议上偶然遇见了一位瑞典教授，谈起瑞典汉学家马悦然在成都的录音：“城市里的大学生怕遇见老师，都去春熙路。马悦然 1949 年在春熙路茶楼录音采访：我现在要问一个顾客为什么到这儿来，多久来一次：‘请问先生，你天天到这里来？’‘我是一个学生，我们同学有时在星期天来……’”不过现在开到晚上的茶馆只有有表演的才有客人了。

川渝地区如今仍把解决问题的地方选在茶馆。大慈寺旁的“大慈雅韵”茶馆的工作人员说，前不久因为周围邻居反映商铺噪声问题，大家一起到茶馆里来讲道理。

按照美国学者施坚雅所著《中华帝国晚期的城市》对成都的市场和社会结构的论述，茶馆在成都提供了和酒馆、饭馆一样的基本设施，因此成了哥老会的聚集地。

而“吃讲茶”这类解决纠纷的行为中，茶馆成为“公口”，堂倌加入“袍哥”。根据刘振尧所写的关于安澜茶馆的回忆，袍哥过去在安乐寺茶社走私黄金、白银、美元、香烟等，在正娱花园及白玫瑰、紫罗兰等茶馆进行金条交易，枪支、弹药、鸦片走私则在品香、槐荫、宜园、魏家祠、葛园等茶馆进行。“一张桌子四只脚，说得脱来走得脱。”

现在“茶碗阵”已经绝迹。民国时期，四川最常见的铜茶船，经由堂倌“噹啷啷啷”往桌子上一扔的声音，就是暗号之一。蜀相崔宁的女儿首先发明了茶托，也就是盖碗之下的小碟子，与如今日本、中国台湾茶道中所使用的茶船完全一样。

我看到京都大德寺里的和尚喝茶的画，用的正是如今四川常见的盖碗。以前我发现用盖碗时，碗总在盖中滑，水加满又太重，后来发现四川的盖碗普遍小、轻、薄，投茶量也就是 5 克左右。前几天看到有摄影家在商业地产太古里拍照，因为没有“走流程”遭到了拒绝，进入大慈寺却被方丈赠送了一杯盖碗茶。忙碌急躁的人，大概无法体会这一杯成都盖碗茶的美妙。

热爱曲艺的贾晓荻建议我下午 2 点去“大慈雅韵”喝杯茶，“那里的曲艺是活着的”。市中心最繁华的“太古里”边上，居然有这么一个居民社区似的小门脸。不大的空地上摆着几十把椅子，8 元一杯盖碗三花。清音，扬琴，非表演性质的川剧，这些传承人水平的表演完全免费。台上那一人分饰多角的年轻川剧演员极为投入，台下是听众们简朴的着装，轻松的姿态，而面前那碗色泽越泡越深的茶，的的确确成了配角。

* 本文作者葛维樱，《三联生活周刊》前主笔，摄影张雷。

寻找徽州茶：

茶汤中的人情与礼节

徽州茶是中国茶的缩影，一杯清澈的茶汤尽是人情世故、啜苦咽甘。它繁荣于安乐，颓败于乱世，可一旦有了喘息的空间，总有人去复原和传承。这是流淌在血脉里的文化根基。

高山深谷中的名茶

中国人总讲“高山云雾出好茶”，太平猴魁不是例外。站在茶山的山顶迎接日出，犹如置身仙境，碧绿的层林延展开去，与滚滚云雾相接，云海的尽头是太阳给镶的金边儿。

可到达这里得跋山涉水。同行的摄影蔡小川在 2009 年春天曾经来过，他当时先是坐船驶过太平湖，上岸之后又坐拖拉机颠半个多小时的山路才进了村。

虽然 2012 年修了路，可现在进村还是不方便。我们要在山下村委会所在的生产队换乘面包车，再蜿蜒而上。道路太狭窄了，根本容不下两辆狭长的面包车并行，时不时就要停下来，后退到略宽的地方，给上面下来的车让路。

外面车辆不能上山是太平猴魁国家级非遗传承人、猴坑村村主任兼书记方继凡想出来的主意。一个是因为山路确实狭窄，他自己带贵宾参观茶园也得坐面包车上山，另一个是为了保护太平猴魁的正宗。太平猴魁 2018 年山上核心产区的收购价达到了 6000 块钱一斤，为了防止有人以次充好，破坏市场声誉，干脆就杜绝了鲜叶和干茶上山的可能性。

太平猴魁的声名是在 1949 年以后更上一层楼的。它被选为国宾礼茶，每年 4 月中下旬开园之后，公安部就会来猴坑采购，选好茶叶直接贴上封条。这些茶叶 5 月 1 日前必须送到北京，因为要用在即将来临的"五一"时招待中外来宾。当地人普遍的说法是：1972 年尼克松访华，招待他喝的就是太平猴魁，周恩来总理还送给他一包。

太平猴魁外形奇特，在绿茶中的辨识度很高

太平猴魁安徽省级非遗传承人郑中明

跟我们熟悉的绿茶样子不一样，太平猴魁有手指头那么长，叶片方宽，像某种切得整齐又脱水的蔬菜，把它们竖着码进玻璃杯底泡上水，又像摇曳的水生植物。

太平猴魁安徽省级非遗传承人郑中明说：“我们国家的历史十大名茶，不是芽茶就是老茶叶。猴魁很特殊，它是壮年的茶叶，内含物质最丰富。可以理解成既不是花蕾，也不是完全盛开，正在绽放就要采下了。”

郑中明在茶园里随手给我们薅了一把鲜叶，在手里稍微焐了一下，揉一揉，让我们闻，鲜茶叶经过体温加热，就散发出兰花香。它们制成茶叶泡在杯里，味道鲜浓，有绿茶里少见的馥郁。

按理说，这种外形独特又名气很大的茶叶应该有广泛的普及度，实际上并非如此。方继凡说，他 1998 年到北京推销太平猴魁，每天从丰台骑自行车去马连道，拿着一塑料袋茶叶挨个商铺问。

马连道是北京最著名的茶叶批发市场，汇集全国各地的茶叶种类，却有很多人不认识太平猴魁，问是什么干菜。住了 17 天，一斤都没卖掉。

产量少客观上造成了太平猴魁的神秘性，见过真身的人十分有限。它的核心产区是猴坑、猴岗和颜家三个生产队。说这里是人迹罕至并不算夸张，猴坑生产队有二十几户人家，其他两个生产队才十几户人，没有人为扩大产量之前，每年只生产 1000 斤左右的太平猴魁。

徽州茶文化专家郑建新曾经在政府部门工作，他说，1985 年到太平县开会，会议组织方特批了每人允许购买一斤太平猴魁，价格是他三个月的工资。那时候，即便舍得花钱买好茶叶，因为产量太少，普通人也没有购买资格。

以黄山最高点的黄山风景区为中心，北面是太平猴魁的核心产区，南面就是黄山毛峰的核心产区——歙县富溪乡。

跟太平猴魁一样，黄山毛峰在 1949 年之后也被选为国宾礼茶，1999 年朱镕基访问美国，看望江泽民的老师顾毓琇，带的礼物就是黄山毛峰。“谢裕大”茶厂的生产总监冯涛说，极品的黄山毛峰外表应该是象牙色，有一层白毫披身，茶叶是绿中透黄，底部带有保护芽头的黄金片。这种外观是黄山地区的地域特征和茶种特征带来的，其他地方没办法复制。

“如果你在市场上看到黄山毛峰非常绿，芽头很整齐，看起来很鲜嫩，显得等级很高的，它就不是真的黄山毛峰。”冯涛说。

跟其他绿茶生产不一样，黄山毛峰强调茶叶本身带有的植物味道。冯涛说，黄山毛峰不通过工艺去增加额外的香气。所以，黄山毛峰没有高温提香所带有的豆香、板栗香，冲泡开来是淡淡的兰花香气。

老一辈人才喝过最顶尖的黄山毛峰，郑建新说，历史上极品的黄山毛峰生长在现在黄山景区的桃花峰、松谷庵、云谷寺等地，海拔高，降雨充沛，云雾如海。可20世纪80年代为了发展旅游产业，黄山景区内不许再从事农业生产，种茶、采茶就停止了。现在的黄山毛峰核心产区在黄山脚下，称为“四大名家”的漕溪、新田、充头源和岗村。

黄山毛峰本身的味道有多香？为此，我们探访了“谢裕大”在核心产区漕溪的茶厂。正是春茶生产的旺季，茶农们采下山的鲜叶堆砌在一层楼高的斜坡传送板上，刚刚走到门口，花香就扑鼻而来，还夹带着形容不出来的鲜味，嘴里生津，忍不住地咽口水。

漕溪人都认为用这里的水泡黄山毛峰才正宗，因为他们喝的是黄山的山泉水。厂长郑康用特级茶叶给我们泡了一杯，汤色十分清澈明亮，香气清新，口感嫩而滑。其实不用喝得这么金贵，黄山毛峰的品种好，老茶客们喝着特级三等就很欢喜了，经过揉捻的茶叶，细胞壁破碎，更多的内含物质溶于水，滋味也要厚一些。

徽商也是茶商

黄山毛峰的核心产区范围比太平猴魁大，可采茶依旧不是件容易的事。站在谢裕大茶厂里四处眺望，周围高山上尽是茶树，一路到山巅。自然形成的山峰实在是陡峭，难以相信有人能立足在上面。

郑康说，农民为了多采芽头多赚钱，凌晨2点从家里出发，带着矿灯上山，远的地方要走两个小时，甚至手脚并用往上爬。为了方便采茶和省力，当地人发明了像钉子一样的茶凳，采茶的时候把尖头的底部钉

山上陡峭，农民采茶时为了固定而使用的茶凳

入土里固定住，人再坐在上面，避免身体往下滑。

即便是现代化的茶园，也不像很多地方种庄稼一样整齐划一，其实也在山里。郑中明为了扩大太平猴魁的产量，在太平县其他村子买了一万多亩地。他是真心爱茶的人，走在茶树间就欢快得手舞足蹈，给我们介绍间杂在茶树中的是哪些花木，每年次第开花的时间，开花时林子里的景色是怎么样的，还要蹲下来随时薅各种野菜野草，让我们闻味道，让我们生吃。

他说："我到树林里面去种茶。茶叶需要的是漫射光，光照时间少，昼夜温差大。土壤是弱酸性。生态植被要有多样性，你不能是只有哪一种树种，要很多种树，茶叶才能吸收这些花和树的香气，否则茶叶不香。"

这些做茶的直观经验用茶叶专家的理论总结起来，就是黄山产茶的优势。我国著名的茶学家王镇恒对黄山的研究跨越了半个多世纪，他总结道，黄山有"山高谷深云如海，溪涧遍布湿度大，岩峭坡陡日照短，林木葱茏水土好"等诸多优点，因此，茶对黄山情有独钟，黄山的三区四县无不产茶，有黄山毛峰、太平猴魁、祁门红茶等名茶享誉于世。

茶叶这种土特产滋养了中国历史上赫赫有名的徽商。鸦片战争之后开放五口通商，茶业成为徽商最重要的产业。郑建新说，徽商的茶生意分为洋庄和本庄。洋庄专做外国人的生意。近代著名的铁路工程师詹天佑是婺源人，他的祖上就是从嘉庆年间开始贩茶到广州。鸦片战争之后，上海和汉口也开放了口岸，徽州茶叶甚至发生了大变革。汉口主要的外商是爱喝红茶的俄国人。为了把茶叶卖给俄国人，徽商研发出了祁门红茶。本庄茶业也不局限于徽州。到了清末民初，苏州、杭州、南京、北京等大城市的知名茶庄大多是徽州人所开。

跟随着茶叶生意，徽州茶从一开始就是面向全国的，甚至连太平猴魁和黄山毛峰的成名也是在大城市南京和上海的茶叶市场。他说，徽州地少人多不长庄稼，祖辈们以卖山货维生。

“最早我们大山里没有交通，都是靠水路运输。徽州分两条水路，一是钱塘江，一是长江水系。我们是黄山南坡，走新安江进入长江，沿途边走边销售，到南京、扬州和镇江。解放前，这几个城市的茶叶都是我们太平县的。”

这个市场动向传回来，茶农就在做茶的时候先选出两叶一芽大小均匀的鲜叶来，做高档茶叶。1912 年，太平县绅士刘敬之正式命名这种精选的农家茶为“太平猴魁”，并且在南京南洋劝业会场和农商部陈列，获得优奖。1915 年，刘敬之把太平猴魁送展到巴拿马万国商品博览会，获得金牌和优奖。从此，“太平猴魁”成为名茶。

黄山毛峰也创制于清末，歙县漕溪人谢正安利用收茶加工的经验，在黄山云雾茶的基础上进行改良。他家住在黄山脚下，附近生长的茶叶质好味淳，冲泡之后，汤色清碧微黄，滋味甘醇，香气如兰。因为茶叶外形是“身披白毫，芽尖似峰”起名为“黄山毛峰”。

谢裕大的总经理谢明之说，谢正安是他爷爷的爷爷，听家里人讲这种茶叶在上海一炮打响，喝的人都是当时的名流、有钱人，比如张之洞。他给谢裕大题词“诚招天下客，誉满谢公楼”。黄山毛峰也受到英国茶商的青睐，在《歙县志》中记载：“黄山毛峰，名震欧洲四五载。”

茶汤中的“礼学”

徽州茶的鼎盛现在算是还留有遗迹。黄山市的屯溪老街是经常出现在旅行攻略中的步行街，有不同年代的300多幢徽派建筑，被称为流动的《清明上河图》。它就是徽州茶产业发达的产物。

徽州从前最富裕繁华的是歙县的紫阳镇和休宁县的海阳镇，而屯溪地处徽州水路交通大动脉新安江干流与横江的交汇处，交通便利，徽州六县、赣北、浙西的茶叶都在这里交易。

到民国，屯溪成为徽州的经济中心和茶务都会。郑建新说，徽州老百姓喝的大宗绿茶和出口的绿茶叫“屯绿”，这不是一种绿茶，而是休宁、歙县、祁门等地的绿茶汇集在屯溪加工而得名，包括休宁从明代就生产的“松萝茶”，也属于屯绿的一种。屯溪老街现在也是徽州茶的重要舞台，茶庄林立，安徽茶最有实力的龙头企业都延续着祖上的习惯，在这条街上开有最大的旗舰店。

徽州被称作“东南邹鲁”，是程朱理学的故乡。因为商业发达而形成的富裕安稳的生活里，更是把儒家的礼乐秩序从学术理论贯彻到生活的方方面面。茶是产茶区的生活习俗，也是礼的重要媒介。

郑建新的母亲就是1949年后祁门茶厂的第一批工人，家里几辈人跟茶打交道。他说，母亲总讲，先前的日子里，做媳妇的早上起来，扫地抹桌之后的第一件事就是泡茶，尤其是要给老辈人泡上浓浓的滚茶。老辈起床洗漱完，第一件事就是喝茶，水要滚烫，茶要上等。徽州人三餐饭吃完，也要喝茶，晚辈要给长辈端茶，必须用双手，表示恭敬。老辈人有专用的茶杯或者茶壶，其他家人不能用。

来了客人，要按照朱熹的《家礼》办事，必须敬茶。郑建新说，冬天来客人，必须用茶杯泡茶，夏天可以用壶。敬茶的时候要用双手，主人有时候还要说一句“请喝杯清茶”表示尊重。给客人倒茶不能斟满，斟满有骄傲自满的意思。客人接茶也得用双手，还要欠身起坐，表示还礼。

讲究的家庭敬茶之前要先摆上茶点，再做茶食招待客人。茶点有专门的果盒，不同的县有不同的叫法和内容，大部分是当地糕点、糖和盐水豆。茶食经常吃的是茶叶蛋，意思是“一杯清茶四季常青，两个鸡蛋双喜临门”。浙江省博物馆有一份黄宾虹太太宋若婴的手稿，里面提到1952年2月家中来了贵客，“我们以茶叶蛋招待客人”，“按安徽人的风俗，以茶叶蛋待客是很要好的意思”。

曾经有人考据过徽州茶道分为富室茶、文士茶和农家茶。徽州的商人是儒商，重视文化教育，很多富商本身也是文人，对生活品质很讲究。厅堂正中间悬挂字画，字画下方是长案条桌。条桌上的装饰不是随心放的，东面要摆大瓷瓶，西面放木架插镜，寓意“东平西静”，祈祷主人经商平安顺畅。条桌前是八仙桌，厅堂两侧也有茶几座椅，来了贵客就要在这里落座喝“富室茶”。郑建新曾经在古董市场收过富户家里流出的盖碗，当然这些不用主人动手，有仆人泡好了给主人和客人端来。

这种水准的泡茶如果变得轻松起来，从厅堂换到庭院、竹林、溪水边就是文士茶。农家茶跟前两种相比，就接地气了。郑建新说，农家喝茶很简朴也很方便。冬天泡一大壶放在火桶里保温，夏天泡一大壶放在外面，来客人就敬茶。农民虽然采茶、做茶，可不舍得喝好茶叶，他们喝的都是粗老的叶子，主要为了解渴。野外劳作的时候，有的人会带一个竹筒，就是一截竹子打一个洞，里面装上茶水，或者是用葫芦喝茶，葫芦上打洞，外面编一个竹篓子，便于背着上山。

茶文化的败与兴

理论上徽州既是名茶产区，又有中国传统文化的积淀，是我们了解中国茶文化来龙去脉的好样本，可奔到古村与茶山才发现，徽州茶文化并不像挺立的徽派大宅、祠堂和牌坊群一样，给现代人留下一望即知的存在。富室茶和文士茶已经没人再喝了。

我们只能到屯溪老街的“鬼市”碰运气，那里有收集上来的民俗遗存。徽州茶文化曾经的发达，表现之一就是茶具多种多样，不但有紫砂壶和瓷壶，还有冬天温茶和夏天凉茶的调温茶壶。温茶的茶瓮、铜壶等都有盛放炭火的装置，上面是茶水，下面加热保温。凉茶的提梁壶、茶筒、茶葫芦容量都要大，方便夏天喝茶降温。

徽州农家茶的茶筒

徽州茶文化的遗存——四眼壶

我们后来只找到了曾经在徽州普遍使用的“四眼壶”。它是锡制的，外形跟常见的烧水壶类似，特别的地方在于底部有四根直贯上下的空管，两边接着壶的肩部和壶底，肩部接口以铜钱花纹装饰。

郑建新说，因为这四根空管，冬天把壶放在火桶中，热气通过四管上传，茶水能保温。夏天要喝凉茶，热气又能通过四管散出，茶凉得快。这种凉热两用的茶壶一度在徽州地区很普遍，可现在即便是鬼市上也是紧俏货，不是经常能遇到。

徽州茶文化延续在最日常的“礼”中。黟县碧山村的村民汪寿昌在碧山书局里工作，业余时间画记忆中村子从前的模样，在村里的老人中是个文化人。

他说，村里曾经的大户人家原来还保存着各式各样的盖碗，但经过“破四旧”和“文革”都没有了，连茶也不是每个人都喝。但是家家户户都备着茶叶，来客人，哪怕只是村民间互相串门，倒杯茶都是必要的礼节。即便是太穷的时候，村民也想办法守着这个礼节。他们使用的是“老茶头”的办法，每天早上在杯子里放一点点茶叶，倒上一点点水泡着，这就形成了类似“卤汁”的茶卤，等客人来了再兑进去水，省茶叶。

徽州茶文化的衰落与民国以来国家的苦难息息相关。当时，徽州茶在国际市场上直面印度、锡兰（今斯里兰卡）等国的竞争，国内则是北伐战争、第一次国内革命战争、抗日战争和解放战争的动荡。

郑建新说，徽州一带的生活秩序全被打乱了，喝茶本身就要求是从容不迫的、休闲的，没有这种社会环境，茶就没有施展的平台，茶文化消失了，连茶的种类都在减少。“抗战对徽商的打击非常大。从前有一种出口东南亚的安茶，很受欢迎。它得从广州往外运，战火纷飞，销路断了，这种茶 1937 年就灭绝了。一直到 1992 年才又做出来。”

黄山毛峰的创始人谢正安在宣统二年（1910）去世，把谢裕大茶行的经营权传给长子谢大钧，谢大钧没能在徽州茶务整体下滑的颓势中逆流而上，到他晚年的时候，谢裕大茶行的资本全部赔光。太平猴魁核心产区的日子也不好过，它虽然单价高，可产量太少，山里不长庄稼，茶农解决温饱都困难。方继凡说，最穷的时候，他爸妈分开吃饭，各自寻活路。他一个姐姐是饿死的，最小的弟弟生下来时，妈妈没有奶，也饿死了。

茶业的复兴在改革开放之后才有了萌芽。郑中明把自己家的茶叶偷偷卖给来工厂采购木材的人。“连电话都没有，只能发电报联系。卖的茶叶也少，能把自己家的茶卖掉就很了不起了。我就这样积累了一些客户。”

2000 年，意识到核心产区的茶树面积才是太平猴魁的生产力，郑中明花 25 万元通过土地流转买了 460 亩地。“村民没少说风凉话，郑中明有钱烧包了，祖上做地主没做够，还想做地主。没有哪个靠种茶发了财的。”郑中明说。

方继凡以太平猴魁核心产地猴坑为注册商标，带领本村的村民立规矩，把假鲜叶、假干茶清理出村子。“我从街上请那些坐过牢的人来管，他只要抓住卖假茶叶的，假茶卖给我，就能罚款 2 万元。外面的假茶就不敢进来了。然后我把村里三分之二的茶叶都收购来，我就有了定价权。太平猴魁的价格就卖上去了。我收完，村民手里还能剩一些，他们再按照这个标准高一点或者低一点卖掉，但也不会低很多。”方继凡说。

偏远的猴坑村只在每年采茶季才有人气

太平猴魁的春天在2003年以后才来到，随着富裕人口的增多，方继凡公司的销量每年都能翻两三番。春茶季的猴坑村收茶成了一景，方继凡说，有人就把成摞的现金摆在锅台边，等着茶。一家准备四台验钞机，怕坏了没有替换的。每户农民都有几个来自城里的富裕客户，每年都来，每次都买几万到十几万元的茶叶。猴坑村从穷得吃不上饭，到现在人均年收入30万元。山上的农户早就在外面买房了，他们只在4月开园到5月1日之间的20多天回老家卖茶叶。

2013年，山上发生泥石流，猴坑村的房子被冲坏了，一个人员伤亡都没有，因为山上根本没人，甚至泥石流过了几天，有村民回来开会才发现。方继凡也因为让村民们挣到了钱，而在2005年被选为村主任。

黄山毛峰的快速增长也是在2000年以后。谢裕大的总经理谢明之说，他这一支是谢正安第四个儿子的后代。他父亲谢一平1993年创办了漕溪茶厂，但当时只是开在山里的小厂。真正发展起来是在2006年恢复谢裕大品牌之后。他们现在控制了黄山毛峰核心产区90%的鲜叶来源。谢裕大也是茶企中为数不多的上市公司。

城里来的新茶人

徽州茶名声的小高潮是在2007年，当时的国家主席胡锦涛赠送给普京一个茶叶礼盒，里面的四款茶叶都来自安徽。屯溪老街的茶叶店都挂着两国领导人的合影，可只有被采购的茶厂能拿出国礼筹备机构的感谢信。方继凡、郑中明和谢一平都是国礼提供方。

三家公司都做了“国礼同款”礼盒，方继凡说，2017年“双11”，他定价一万多元的礼盒在天猫上卖了十几套。稀罕的高档茶作为一种有分量又不失文雅的礼物在中国是种传统文化，连农家茶都是如此。“富裕客户们不是跋山涉水来买一斤茶叶回家自己喝，”村民们说，“都是送朋友、送客户。”

可茶不能只作为礼物存在。作为最中国的元素之一，很多人无论从文化认同还是商业上都在想办法让它焕发活力。谢一平的接班人谢明之2018年时29岁，有着所有城市里“85后”“90后”的成长背景和价值取向，跟茶的距离，并没有因为他是谢正安的第六代子孙而有什么不同。

在茶人们穿着中式服装演示高超制茶工艺的行业里，谢明之很真诚地说：“杀青的锅有200摄氏度，手伸进去是有心理障碍的，手的动作只能在鲜叶上。我第一次把手伸进去，小拇指立刻就焦了。”谢明之是喝着可乐长大的，可他觉得一接近 30 岁，好像身体就不再喜欢甜，而是能欣赏绿茶的香气和滋味。

谢明之说，谢裕大现在一半的市场在安徽省内，用户画像是 35 岁以上的男性。他接班之后想做的事情是让像他这样受过大学教育、年轻的中产阶级来喝茶。

也有对茶感兴趣的发烧友主动找到安徽来。王昊也是“80 后”，喜欢茶。他毕业后先跑到马连道找工作，想边工作边了解茶。“聊深了就发现，马连道懂茶的人真不多，还不如我自己研究，按照名茶清单跑茶山。”王昊说。

他感兴趣的是传统产区、做茶的老师傅、按照传统做法做茶是什么样子。这一套下来没那么容易，安徽茶区他已经连续来了好几年，第一次来的时候，找到黄山毛峰的核心产区有 20 年做茶经验的老师傅，买最贵的鲜叶，一锅下去，师傅把茶给炒煳了。

“师傅确实是有 20 年的做茶经验，但是他也有 20 年没有手工做过茶了。黄山毛峰现在已经不是家家自己手工做茶的情况了，连农民都是用机械加工。”王昊说。

核心产区的山水依旧，茶却不一定还是那一杯。黄山毛峰全面采用了机械化加工，太平猴魁增加了一道滚轧的工序。这些现代化的改变对茶有什么影响，就是见仁见智了。

文献记载，正宗柿大叶种做的太平猴魁叶脉绿中隐红，俗称“红丝线”，但是郑中明说，现在“红丝线”很难看到了，因为都舍得给土壤用好的肥料，对茶叶内含物质的形成有好处。但直观上说，茶叶肥厚了，

从前生产黄山毛峰的工具

黄山毛峰现在几乎全部都是机械做茶

就看不见“红丝线”了。

方继凡对现在的整形工艺是持谨慎态度的，滚筒滚轧可能对茶叶内含物质造成损失，可这是不得已的办法。从前直接在箱屉上一边烘一边用手拍，那是因为从前做茶师傅手上有老茧，一不出汗，二不怕烫。现在的人手都是嫩嫩的，做不了这样的事了。腾出空来，他还想把传统工艺搞一搞。

王昊的找茶之旅其实不停地在传统和现代之间碰撞，他跟安徽农业大学茶学系毕业的贾迎松搭档，钻研标准的制茶工艺，跌跌撞撞地跑茶山。几年下来，也结识了一些掌握传统工艺、对传统手工感兴趣的做茶师傅。王昊得用卖茶养活自己探索茶的兴趣，但他跳出了传统的卖茶模式。他是中央美院毕业的，对艺术家们的“民艺”“乡建”很明白。

他的工作室也跟新民艺的倡导者、策展人左靖的“黟县百工”项目合作起来。每年安徽茶季他和贾迎松招募城市里对茶感兴趣的人到碧山村上茶课，认识安徽不同的茶山、茶种，体验代表性茶的制作方法。

王昊的访茶跳出了茶圈，跟他到碧山村上课的人也不是茶人，而是各地来的白领，一边上着课，抽空还要接客户电话。讲课的人和上课的人都有一份天真，像大学里的社团或者兴趣小组。这也是他想要的效果，跑茶山不是要做茶农，而是站在城市人的角度去认识传统的中国、标准的中国茶。

周作人讲“喝茶以绿茶为正宗”，可现在城里人是消费主义的，用中年人流行的隔热玻璃杯泡昂贵的太平猴魁，很实用，但对于吸引不喝茶的人进门，不尽兴。

图为王昊与贾迎松

王昊明白城里年轻人的心理。他发挥自己上过中央美院的学养，考据盖碗的流变。他说，寻找传统绿茶的同时，自己也想复原传统的喝绿茶方式，就是用盖碗。王昊搜集了很多清朝、民国的老照片和视频，研究盖碗的器型，还查阅民俗资料，复原不同时代盖碗不同的拿法，买老盖碗实际研究。他设计了一款盖碗，器型是传统的，但是杯托做了调整，让人拿着更稳。

茶在中国没有那么多仪式感，但它是流淌在血脉里的文化根基，一旦有了安稳的机会，还是不断有年轻一代把它延续下来。相对于绿茶的古老，20 世纪八九十年代把它带入市场运作的是一代新人，如今想把它带入现代城市生活的又是一代新人，生生不息。

* 本文作者杨璐，《三联生活周刊》资深主笔，摄影蔡小川。

潮州茶米：一杯茶里的工夫

在潮州方言中，茶叶叫作“茶米”，形容茶叶像稻米一样重要，不可一日无茶。如果以每家每日两泡茶（半两）计，潮州人每户月耗茶0.75公斤，年消费量9公斤，如果再加上商店、酒家、茶馆、工厂和办公场所的使用，潮州人饮茶量堪称全国之最。

工夫茶三味

“喝了这杯茶再说。”一连串不疾不徐的动作后，叶汉钟做出一个“请”的手势。小小的青花茶杯冒着热气，有一股淡淡的花香，喝一口却觉得微苦，再回味，慢慢感觉到齿颊留香，舌底回甘。再闻杯底，是醇厚的果香，久久不散。他这才满意地叹了口气，说这是“夜来香”，本地名品“凤凰单丛”的一种香型。

他说，闻杯底的好处呢，就是可以判断茶叶的好坏。在叶汉钟看来，当今武夷岩茶都有点“薄”了，而本地的凤凰单丛因为生长在海拔更高的山中，入口微苦，但回甘强烈，他形容为一种“山韵”：“高山环境使得茶树鲜叶内含氨基酸积累比例较高，还带着跟多雾地域苔藓近似的苔味，浓烈、霸气、悠远。”

潮州人所有的谈话都是在茶桌上进行的，几杯热茶的氤氲之间，再棘手的事都得以舒展，再冷的场面都有了温度。叶汉钟这间位于古牌坊

图为潮州太平街上的饮茶人

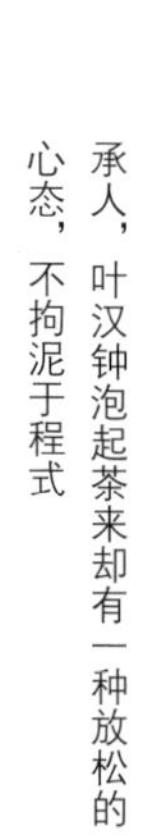

作为『潮州工夫茶』非物质文化遗产传承人，叶汉钟泡起茶来却有一种放松的心态，不拘泥于程式

街一座骑楼式建筑里的会客室就是个缩影。他是“潮州工夫茶”非物质文化遗产传承人，泡起茶来却有一种放松的心态，不拘泥于程式。

叶汉钟说他从1986年就开始和茶打交道了，茶叶收购、仓库保管、茶叶贸易都做过。真正接触茶道也很偶然，是在跟一个师傅学“道全派”的时候。这位师傅是个落魄的世家子弟，但从小的耳濡目染让他深谙工夫茶之道，空闲时就教他们泡茶。等到1998年自费到浙江大学读了茶叶生物化学专业的研究生后，他更发现了工夫茶的奥妙，原来每一个茶器都是有用处的，每一点讲究都是有道理的。

清代俞蛟在《潮嘉风月记·工夫茶》中总结了工夫茶的神韵，无外乎茶人的素养、茶艺的造诣以及冲泡好茶的空闲时间，这可说是工夫茶三昧。

择茶是第一步。当天晚上叶汉钟拿给我们喝的“夜来香”，存放了大约一年，不长不短，正是它最有韵味的时候。不少老茶客都喜欢喝隔年茶，初看它汤色偏红、偏浓，香气不是很明显，但“喉底”极好。

取水当然也很关键，叶汉钟说，自《茶经》以来取水的标准并未改变，“山水上，江水中，井水下”，只不过现在取山水不太现实了。他自己泡茶都是用自来水，不过要先放在缸里去“养”，随便拿几块山石打碎了，放进缸里，再放进韩江里的黄沙，或者去花鸟市场买些水晶沙，这就是一个天然的软水机，可以激发水的活性，这样过滤出来的水才是“活水”。

“活水还须活火烹”，他将荔枝炭放入红泥炉，俗称“风炉仔”的，高六七寸，炉面有平盖，炉门有门盖，茶事完毕后，两种盖都盖上，炉中的疏松余炭便自行熄灭，下次生火时又可作为引火物。红泥炉上坐上

一把砂铫，雅称“玉书煨”，民间称“茶锅仔”的，是用含砂陶泥做成的小水壶。砂铫与泥炉配套，合称“风炉薄锅仔”。要煮水时，再投入几颗橄榄炭，这是本地一种“乌榄”的果核烧成的炭，因果核十分坚实致密，因此这种炭经烧而且火力均匀，还有一种其他木炭没有的幽香。用铜箸夹木炭，拿鹅毛扇扇火，看火星四溅，自有古人“竹炉榄炭手自煎”的意趣。

叶汉钟说，若严格遵循传统，工夫茶炉与茶席间须隔七步，茶童在天井烧水，拿到前厅来正好泡茶。而这七步，也是要借这个距离来把握最佳时机，可避烟火气，也可让三沸的水慢慢回到二沸。现在就要凭经验去听了，当听到砂铫中有腾波鼓浪之声，铫嘴中水汽喷出，正是水刚刚过了二沸，还没到三沸时，最适合冲茶。

他说，这一套“竹炉榄炭手自煎”也并不只是为了怀古，因为“水过砂则甜，过石则甘”。为了证实，他拿了两个白瓷杯放在我们眼前，倒上用不同器具同时烧开的白开水，果然不同：口感硬、涩的是电热壶烧的，喝后有点绵软且甘甜的，就是这“风炉薄锅仔”烧出来的。

与红泥炉配套使用的清代夹炭套件，于楚众摄

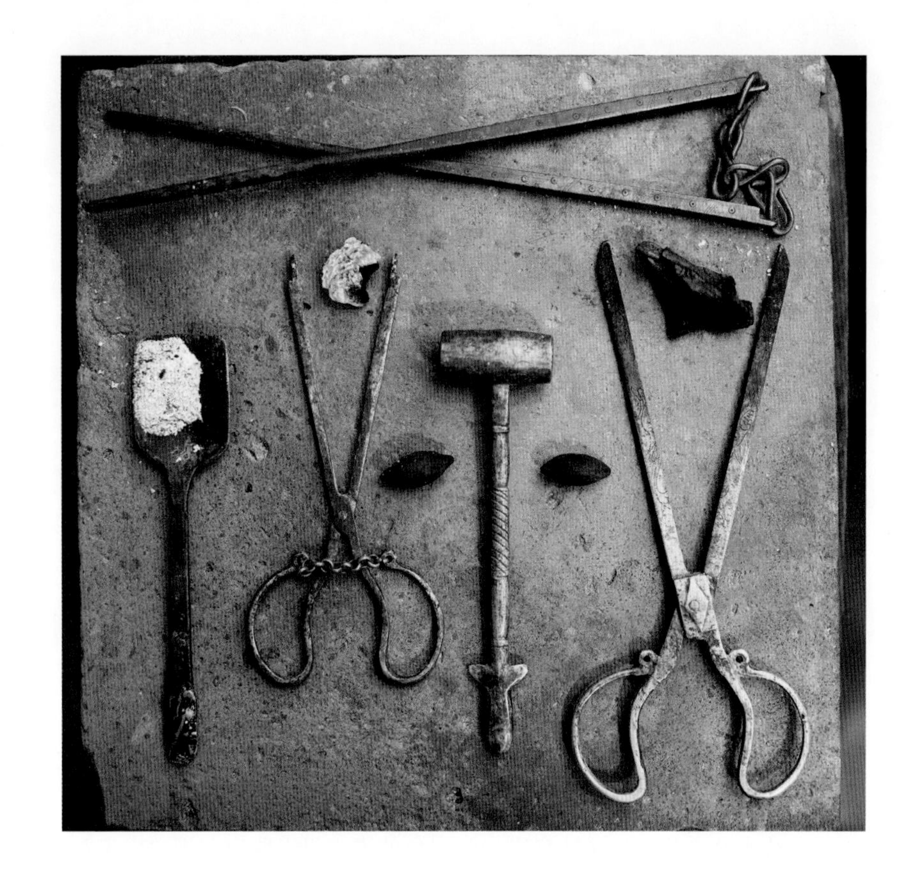

眼前的茶席并不复杂，一个茶盘，上置一个茶壶，三个茶杯，周围是三个仿清代的茶洗，叫“一正二副”，“正洗”用来浸茶杯，“副洗”一个用来浸茶壶，另一个用来盛废水。叶汉钟说，这就是工夫茶茶席的原始版本。工夫茶在清中期传到潮州时，最讲究的是“茶必武夷，壶必孟臣，杯必若深”，“孟臣”和“若深”均是当时的制器名家，后人也多好以此题款。

紫砂壶到了潮州，又发展出本地的手拉坯红泥壶工艺，叶汉钟手中的这把就是老字号“源兴炳记”的红泥壶，比紫砂壶更小巧细腻，更适合泡工夫茶，因为“茶、水比例更得当”。这把红泥壶已经用了几年，泛出茶渣的颜色，壶嘴、壶把、壶盖处都加镶了银边固定。他觉得用顺手了，既然能修，就修补一下接着用。

这不算什么，他说还有一把乾隆年间的紫砂壶，壶身是宜兴的，壶盖是潮州的，整个壶里密密麻麻都是钉子，叶汉钟数了数，一共 113 颗，现在即便想补也没这手艺了。三个杯子则是民国时期的白地青花瓷杯，底平口阔，小如胡桃，杯底正是“若深珍藏”题款。细看杯中央，还有一个刻出来的“锡”字。他说，这是因为逢年过节拜神祭祖都要奉茶，大家族中的不同支系为了区分，刻上自己的名字以便认领。

潮州人还有一个古老的传统，“茶三酒四游玩二”，游山玩水两人结伴最佳，喝酒四人行令为妙，而喝茶，不管有几个人在，茶席上总是三个杯子。叶汉钟解释，三个杯子，摆在一起是个“品”字，求“品德”之意。

等待水开之际，叶汉钟拿出一张白色的素棉纸，取出一把“夜来香”放在纸上，双手捏紧纸的边缘，在炭炉上上下左右反复摇动、烘烤，直到茶香满屋，再将茶叶翻动，再次烘烤，直到香清味正。

他说，陈茶都须经过这一轮“炙茶”才好。这时，水初沸，提砂铫淋罐，淋杯，倒出废水，开始“纳茶”，将茶叶倒入茶壶。叶汉钟说，纳茶的功夫至关重要，它关系到茶汤的质量，如斟茶时是否顺畅、汤量是否恰到好处等。经常看到有人用冲罐泡茶，才一二冲，壶中茶叶就涨出壶面，顶起盖子，或者斟茶入杯，杯中满布茶末，这都是纳茶不得法的缘故。他先取最粗的茶叶填在罐底滴口处，再用细末填塞中层，最后将稍粗的茶叶撒在上面。眼见一个如婴儿拳头一样小的冲罐，被叶汉钟塞进了整张纸上的茶叶。

叶汉钟说，每个泡茶动作都不是浪费的，种种茶盘家伙虽然繁杂，但绝无一款是仅为摆设用的，全是实用器具。因为工夫茶本来就不是高高在上的，它就是潮州人的日常生活。所谓工夫，其实很简单，就是怎样把一杯茶汤泡到最好。

茶事四宝

翁辉东在《潮州茶经》里说："工夫茶之特别处，不在茶之本质，而在茶具器皿之配备精良，以及闲情逸致之烹制法。"这配备精良的茶具，最主要的就是孟臣罐、若深杯、玉书煨、红泥炉，所谓工夫茶的"四件宝"。

冲泡工夫茶，茶壶当然是第一位的。专注研究潮州工夫茶几十年的陈香白是首批广东省非物质文化遗产"潮州工夫茶"传承人，他向我们介绍，以前讲究的人家用多把壶泡不同的茶，凤凰单丛、铁观音、大红袍……不同的香气不能混淆。而且工夫茶都由家里最有权威的老人家来泡，别人不能随便动这个茶壶。

潮州人爱壶，不仅是对壶本身小心翼翼，每日把玩，而且将壶中经年累月积累的茶渣都视若珍宝。陈香白说，不懂的人把茶渣视作污垢，其实如果经常泡茶，茶渣可以发香，不会干裂发霉。

陈香白带我们去寻访潮州朱泥壶老字号"安顺"的传人章海元，"安顺"由其祖辈章大得在清末创立，传到他这里已经是第五代。清中后期工夫茶传至潮州，人人以用宜兴"孟臣壶"为代表的紫砂壶为风尚，潮州枫溪的红泥壶也随之兴起，章大得创立的"安顺"就是其中翘楚。

章海元的作坊仍在家族老字号最早起家的枫溪西塘，这里也是潮州

工夫茶四宝：朱泥壶、若深杯、玉书煨、红泥炉，于楚众摄

陈香白家藏民国红泥炉，于楚众摄

陶瓷工艺的汇集地。章海元介绍，朱泥壶虽然不及宜兴紫砂壶名气大，但朱泥原土最大的特点是氧化铁含量极高，质地细腻，砂石间缝隙更小，表面平滑而能保持低微的吸水性和透水性。朱泥壶采用手拉坯成型，壶身更小，配合工夫茶冲泡程式，能更大限度保持水温，香气散发更明显，泡出来的茶不失原味。

细看章海元的手心，有若干朱红色的细碎纹路，那是20多年在朱泥里挤、捏、滚、打留下的，怎么洗也洗不掉了。在古老的辘轳上，他放上一块朱泥料，泥料自下向上伸延且内外翻转，这一动态过程看上去就像是一种静止状态。章海元说，要平稳用力才能保持整个壶壁薄而均匀。器形的变幻，全在细微的手指和手面的捏、压、按、挤等变化之中。

陈香白说，朱泥壶与若深杯是绝配，本地枫溪产的白玉杯也是上品，质薄如纸，色洁如玉，不薄不能起香，不洁不能衬色。杯宜小宜浅，小则一啜而尽，浅则水不留底。四季用杯，也各有不同：春宜“牛目杯”，夏宜“栗子杯”，秋宜“荷叶杯”，冬宜“仰钟杯”。

如果说茶壶和茶杯是通用茶具，砂铫和红

章海元制作如指甲盖一般大小的朱泥壶，五脏俱全［上图］

手拉坯朱泥壶更适合工夫茶饮用［下图］

砂铫和红泥炉制作人黄树藩

泥炉配合的“风炉薄锅仔”则是潮州特有。不过现代客厅里少有人再伺候炭火，因此制作传统茶具的手艺人也日渐稀少。之前在叶汉钟茶席上看到的那个红泥炉和砂铫，出自原来枫溪最有名的手拉坯工匠吴大林。他在当年被叫作“壶布袋”，就是形容他拉出来的茶具薄而匀，有神韵。

但他刚从十几年的中风中恢复，手还微微有些颤抖，他说，现在制作像砂铫这么精细的器具已经有些力不从心了。而如今尚在制作“风炉薄锅仔”的，就数同在枫溪的黄树藩了。黄树藩自家用的是一个高约两尺的高脚炉，下面有个抽屉可拉开盛放橄榄炭，一物两用，匀称精巧。他相信，凡遵循“凡烹茶，以水为本，火候佐之”的喝茶人，仍会坚持用炭煮水。

他取了一块泥，一下子就拍在辘轳正中，向上夹起，再拉高，一分钟不到，一个炉形就出来了，这是40多年的制陶经验形成的手感。跟他学陶几年的女儿黄丽璇还停留在练泥阶段，借此培养力气和手感，偶尔也试着做炉子。她说，炉子相对好做，因为炉壁比较厚，而砂铫就难了，因是壁薄，透气性好，煮水快，称之为“薄锅仔”，而且要求一圈一圈由下而上的手纹均匀，所以非老师傅做不出来。

从制作的角度拆分一把砂铫，看似简单，就是壶身、壶把、壶嘴、壶盖，其实最有讲究。黄树藩说，最难的是棒槌形的手柄，要做成中空的，防止铫身侧倾。而且横把的位置要在冲水时铫身旋转的中心，拿捏才能稳当。再如壶盖，薄厚的拿捏很关键，这直接决定了水沸时盖子能否自动掀起，发出声响，提醒人冲茶。“还有一个普通人很难注意到的细节，就是盖子上的提手，叫‘子的’的，故意保留一个手捏出的斜向弧度，其实是为了拿起盖子时，只会有一个手势，正好在气孔的另一侧，防止被沸水的热气烫到。”

黄树藩说，潮州特产的橄榄有两种，一种是白榄，一般用来配茶；还有一种是乌榄，核大肉多，可做菜，吃剩的橄榄核大的雕刻成工艺品，小一点的做成橄榄炭，专门煮茶。潮州人的这点橄榄茶事，说起来比“风炉薄锅仔”还让人惊叹。

工夫茶的民间土壤

工夫茶何以在此落地生根？回溯“以小壶、小杯冲泡乌龙茶”为标志的潮州工夫茶的形成过程，潮州市政协文史委原主任曾楚楠认为，这是一个乌龙茶产销两地共创的结果。

曾楚楠说，潮汕地区东部与福建交界处是周边唯一一块平缓坡地，长期以来“近闽疏粤”，再加上嗜茶，因此成了武夷乌龙茶最大的市场，每年从潮汕固定去武夷采办的茶商甚至形成了一个“广潮帮”。

他们进入茶区认购茶叶时，为防偷梁换柱，往往预付定金认购某一棵茶树，在树旁搭个窝棚，从采茶到生产，都在那里严加看守。这些商人也都是烹茶、品茶高手，自然也会在茶叶、茶艺方面与茶农切磋交流，正是在这种长期的双向交流中，武夷茶的质量不断提高，工夫茶程式也得以逐步完善，以至于在当时的记载中，产销双方的程序和器具惊人的一致。

既然是产销双方共创，为什么工夫茶的原始形态唯独在销区保留至今？曾楚楠说，粤东偏远的地理环境当然是一个原因，因为这里被“三山一水”包围着，交通不便，受到外界的影响就少，成为一个独立的小王国。

特别是明清后，逃难至此的人数猛增，人均可耕种面积更加少得可怜，生存环境非常严峻，所以潮汕地区才有那么多的人移民海外。留在本地的人受制于资源的紧张，时刻要精打细算，久而久之形成了一种意识形态，就是两个字——精致。

曾楚楠说，“精致”二字早已渗入潮州人的血液里面，工夫茶也是在这种土壤上生成的。乌龙茶好不容易从武夷运到潮州，数量不可能更多，那就要追求泡得精致。

精致之外，工夫茶还要有泡茶的悠闲工夫。曾楚楠说，潮州方言有个说法叫“作田皇帝”，意思是种田的是皇帝，因为田间地头干活虽然很苦，但农活有松有紧。市民更不用说，另有一句方言，“凄惨做，快活吃”，工作虽然辛苦，回到家吃饭一定要舒舒服服的，都表达了一种只要有条件就追求享受的心态。

另外，潮州也是“海滨邹鲁”之地，商人也好儒雅之风，通过工夫茶表达对客人的尊敬，这也是为什么传统上工夫茶杯只有三个的重要原因。曾楚楠在自己家里把它引申了一下，采用“差额品茶法”。他在茶盘上备上几个大小不一的杯子，分别是二人杯、三人杯、四人杯、五人杯，原则是杯数总比人数少一个。主人第一轮不喝，之后的几轮总有一个人不喝，谁不喝？“你喝，你喝”，一轮轮让下来，“敬”也就体现出来了。如果茶喝到一半又来了一拨朋友，要赶紧倒掉之前的茶，换新茶，不然也是对新来的人的不尊重。

与茶相关的民俗也随处可见。曾楚楠说，潮州是移民社会，多神崇拜，每个乡村信奉的神明都不一样，游神赛会特别多。供奉神明、祭拜祖宗，不奉茶行吗？婚丧嫁娶中也不可无茶。男方到女方家送聘礼，送一包茶是必不可少的，代表“喝了我们家茶，就是我们家人”。相应的，若小伙子在相亲阶段来拜访，就绝对不能“讨一杯茶喝”。工夫茶就是在这样的大众土壤上培养起来的。

“茶米”

在潮州方言中，茶叶叫作“茶米”，就是形容茶叶像稻米一样重要，不可一日无茶。曾楚楠说，据 1929 年的一次统计，“年购 5 万箱，每箱以 45 斤计，总量便达 225 万斤”。而这仅仅是建瓯一个县、乌龙茶一个品种而已。发展至今，如果以每家每日两泡茶（半两）计，潮州人每户月耗茶 0.75 公斤，年消费量 9 公斤，如果再加上商店、酒家、茶馆、工厂和办公场所的使用，潮州人饮茶量堪称全国之最。

小壶、小杯、乌龙茶，这是潮州工夫茶的标志。曾楚楠说，潮州人以前尚武夷茶、大红袍、铁观音，看不上本地凤凰山产的茶叶，把它叫作“土山茶”，直到 20 世纪 70 年代开始利用插接技术大面积培植，慢慢发现它其实很香，凤凰单丛也成为茶席必备，反过来又促进了工夫茶在潮州扎根。

清明前到谷雨后的这一个月，正好是凤凰山春茶采摘的最佳时机。可是对茶农来说这一年中最重要的时间，也是气候最难以捉摸的。凤凰茶业协会的会长林伟周说，采摘时间有讲究，早晨露水不干不采，中午太阳过旺不采，傍晚不采，下雨天不采。这些规矩仍然被茶农们严格遵守着，否则茶味便会大打折扣。连续几天的阴雨绵绵已经耽误了采茶，我们上山去的时候刚刚放晴，茶农们都在抢时间采茶、晒茶。

凤凰山的山路蜿蜒曲折，漫山遍野都是茶田。海拔渐渐升高，眼前的茶树也越来越高大。林伟周介绍，在海拔 800 米到 1300 米的地区，从 200 多年到 700 年树龄的古茶树有 3700 多棵，最老的是宋代栽种，所以叫作“宋种”。

林伟周说，每一株老茶树，都有不同的茶香，黄枝香、芝兰香、杏仁香、夜来香等，所谓“一株一品一香味”，在分类上也以单丛香味来区分，所以叫凤凰单丛。母株树丛茶叶采摘量极少，后来经茶农插接母株培育出来的“子子孙孙”，也延续了母株体系的品质，所以也沿用了单丛的名称。

海拔 900 多米的大庵村笼罩在一片云雾缭绕中。黄鸣凤正和家里人忙着把不同种的茶叶分放在不同的筐里，趁阳光和缓准备晒茶。她家里有上百亩茶园，其中一棵黄枝香型的“宋种”最出名，已经有几百年历史了，是她爷爷的爷爷栽种的，可贵的是仍然枝繁叶茂，上一年高产 13 斤，每斤毛茶卖到两万多元，一棵树的收入就将近三十万元。不过这棵老茶树发芽晚，要到谷雨前后才开始采摘，现在被围上栏杆精心看护着。

见客人来，忙碌的黄鸣凤招呼我们到家里“吃茶去”。客厅里照例是一套用了多年的茶盘、朱泥茶壶、白瓷茶杯，茶盘里还有经年积累的茶渣。茶却是好的，是去年那棵老树留下来的一点茶叶。

奇妙的是，已经冲了六七泡，茶味反而越发醇厚，山韵悠久。黄鸣凤说，这茶能冲二三十泡都不走味。这样采摘自老树、半发酵制作的乌龙茶，配上小壶、小杯，还有冲泡品饮的工夫，既可发香，又可得趣，才是工夫茶真味吧。

* 本文作者贾冬婷，《三联生活周刊》主编助理，摄影于楚众。

茶道：明月清泉论茶道

幽兰、茶与逸士

从绿茶到红茶，似乎在饮茶人群中广泛流行一种嗅觉的形容词：兰花香。甚至有一些青草调的绿茶跟焙火味道特别明显的乌龙茶，也会被不明所以的人随便扣上一个“兰花香”的感官形容词。

大概因为我是北方人，对兰花这种幽远的香调没有广泛的认知，每每遇到有人形容茶中有兰花香，我都会加问一句：“您说的是哪种兰花？”而谈话往往都止于此。

味觉的理性与浪漫

现代社交媒体平台的多样，让沟通变得容易很多。每当春天的时候，在饮茶相关的群组中，都会有关于新上市绿茶风味的探讨。其中关于名优绿茶的典范——龙井茶的探讨尤其多，趋同性也非常明显。大多数人形容龙井的味道都用“豆香”这个词。

说实话，我买到的狮峰山群体种龙井茶并没有那种豆科植物明显的青气，而是充满了新鲜松柏的苍翠和陈皮的甘甜，所以我格外好奇，这几年说到龙井茶就说到的“豆香”到底是什么？在交流的时候，有个叫“南瑾”的朋友突然想到《钱塘县志》的记载：“茶出龙井者，作豆花香，色清味甘，与他山异。”她分析普遍所说的“豆香”是从龙井之青绿色简单判断，是对古人文字的误读，并且猜测说，其实应该是龙井产区随处可见的紫色蚕豆花的香气。她通过推理得出的结论，并不能够打消大家的疑问。

依靠《钱塘县志》中的一句古人留下的属于他在那个时代的感官体验，再去就词语进行“味觉考古”有些难度，但同时也是乐趣。过了不多久，一个叫作“支音”的女生说她闻过紫色蚕豆花的香气，那种香气与春兰的味道有些相似，就是香调略浓郁一些。这时候大家对这上好龙井茶中古人所说的兰花香、豆花香，逐渐建立起自己的真实感官体验，“古味”似乎也鲜活了。

2017 年我做了很多茶与葡萄酒、咖啡的跨界对话，只是想让饮茶的人群学会借鉴跟思考茶杯中味道的成因，不再一味地依赖于权威去获取二手的感官体验，用自己的感官归纳总结的味道来体验生而为人的乐趣与茶的鲜活。

美国精品咖啡师协会 2016 年推出了《咖啡风味辞典》，其中对咖啡风味的描述在实验数据的基础上变得更为完善具体，让饮者就咖啡风味进行沟通的时候，可以更便利、准确地形容杯中之物的味道。譬如之前风味轮上形容樱桃的味道，会被精准为多少克切开的樱桃放在空葡萄酒杯中的味儿。

而 2016 年某种茶的地方标准出版物中，感官词还停留在老评审体系中那些匮乏且空泛的形容。因此再遇见有人喝明显没有花香调的茶，仍人云亦云地说有“兰花香”的时候，我内心默默地着急。为此特意设计了有史以来第一本茶的感官评鉴笔记，让饮用的人可以在譬如白花香、苹果、桃……这种生活随处可见的基础香气中达成一个方便沟通的共识。

只有在共识的基础上，味觉语言才能更有效地沟通，由此才能建立人与人最起码的信任与善意。

东西方文化有着一定的差异性，现代科学生发在西方，也与其笃信上帝，相信有一个绝对的真理有关，而中国人则更相信兼容并蓄、道法自然那种由内而发的个人体验。因此当你踏春寻茶的时候，也要记得除了带上相机跟自拍杆，还要带上自己并未依赖的感官。在葳蕤繁茂的茶山中，打开五感去吸收体验自然中味道的丰富与博大，不再依靠那几个可怜的闻香瓶中的味道，去形容杯内的茶汤。

冈仓天心的障眼法

随着饮茶的广泛流行，日本的茶道与中国台湾流行的茶席开始泛滥在饮者周围。无论是在幽静的深山中远足，还是在博览会上表演的舞台，这种表象的饮茶方式满足了伪雅者的表演欲。

之前我发动朋友们自己去接触自然中的茶，采摘一些山中荒废的茶树的叶子，回来晒成工艺相对简单的白茶。某天一个姑娘央求朋友带她去山上，说从饮茶开始就没有见过茶树什么样子。第二天当她就站在茶树身边时，却没有了前一天的那种热情。春末茶山上已有蚊虫，跟那些人文搭建的类似于“楚门的世界”一样的饮茶场景比起来，这自然中的野茶让她觉得暗淡和陌生。

这就是中国茶与日本茶道文化之间强烈的对比，日本就像太平洋上的一只滤网，将博大庞杂的东方文化过滤后输出总结成明显容易被人看懂的视觉文化，当然这也是其优点所在。

因此，如果了解东方文化，通过日本会简单直接地吸收一些容易接受的文化符号，日本茶道便是如此。而中国的庞大复杂，让那些连东方文化概念都没有建立起来的人一旦落脚于此，便如同陷入泥沼般，被庞大的信息冲击得茫然。而日本恰恰依靠着这个虽然混乱但充满了营养的中国文化不断演进着。

因此，冈仓天心狡猾地在他的《茶书》中写道："对于近代的中国人，茶只是可口的饮物，不再是一种理想。国家长久的困顿，已经让他们丧失了探求生命意义的欲望。他们成为现代人，也就是说，苍老并且不抱有幻想。他们丢失了崇高信念——这信念曾让诗人跟先辈们永葆青春活力。……他们的茶叶依旧有着花一般美妙的香气，但唐朝的浪漫和宋朝的礼仪，于杯中荡然无存。"

这位明治时期有名的思想家，因为《茶书》让世界重新认知日本，也同时激励了工业化初期被西方价值观带偏的国民，提醒当时的日本人，在借鉴别国优秀成果的同时，不忘珍视自己已经拥有的文化宝藏，坚守自己的文化内核。

冈仓天心的这段话，近几年被很多人拿出来说，似乎我们真的遗失了唐宋的精华一般。但我个人认为，他文中所说的"中国不再有唐的浪漫跟宋的礼仪"，其实是在说当时的日本国民在西方价值观的影响下，正在丢弃祖先用几代人心血带回来的唐宋文化精髓，而"中国"不过是他为激励本国人民幻化出来的一个假想对象，《茶书》其实是一本无茶之书。

任职于中国艺术研究院美术研究所的谷泉曾经翻译过冈仓天心的《茶书》。同为美学专业，他对冈仓天心在《茶书》中所讲述的精髓有自己的理解。

我曾就现在茶道形式大行其道提出过自己的困惑："为什么近几年日本的文化符号对年轻人影响那么大？"

谷泉回答了我的困惑："今天的中国人在去到日本的时候，会有一种文化的亲近感，随处可见的优美的汉字、鲜嫩可口的绿茶、含蓄的谈吐，让人感到一种类似家乡的亲切感。这其实都是唐朝文化渗透在日本文化深处的深厚影响。日本人代代努力学习中国文化的精髓，千方百计地搜集整理各种有助于日本发展的书籍、器物、技术和艺术品，才会有大量的唐宋文物完好保存在日本的博物馆中，才有街头随处可见的唐宋符号的建筑跟器物……"

谷泉的话发我深思，在饮茶再次风行的这些年，我们还在追逐天价的老茶、昂贵的器物、奢华的品位，中国人饮茶的幽淡如兰的品质却被这些掩盖住了真正的芳华。

中国茶的兰香精神

到底什么是唐的浪漫与宋的礼仪？

冈仓天心的弟子横山大观于1898年画下的代表作《屈原》点醒了我：画面中诗人手持兰草、步履沉重，在狂风中兀自走着。如果说樱是日本民族的精神符号，那么对比起樱花的凄美决绝，兰的幽远淡然则渗透到每一代中国人的骨髓中。

中国人对于兰的感知，已经有两千多年的历史。最早的《周易·系辞》就有“同心之言，其臭如兰”的记载。《诗经·郑风》中也记载了郑人在早春三月，男女会于溱洧两水之上，以香草沐浴。

这里的兰即是兰草，可以杀毒虫、去晦气。屈原在《楚辞》中喜爱引用草木进行比兴，兰是他用得最多的一种。在屈原的作品中，兰出现了18次。在他的影响下，奠定了以兰比德的文化符号，佩兰因此变成了文人的时尚。

然而，关于“兰”的定义也有一个分界线。我们今天所指的兰花是宋代以后流行的国兰，就是现在兰科兰属的兰花。原产我国的兰花主要包含春兰、蕙兰、建兰、墨兰。在宋代之前流行的兰花，学术界则有着不同的看法，多数考证为秋季七草之一的泽兰。

而宋代以后流行的兰花，并非《楚辞》中所咏的那种叶子也香的泽兰，却也有“香祖”的美名。《清异录》卷一说：“兰虽吐一花，室中亦馥郁袭人，弥旬不歇。故江南人目兰为香祖。”

但无论兰草还是兰花，都是古人在对兰不同特征认知的基础上，将兰的各种自然属性与人的品格、情操进行类比，形成了自然属性的兰与人性的种种关联，进而变成民族性的精神认同。而爱兰的人中，十有八九同时也嗜好饮茶。茶与兰似乎成了中国的精神符号，也难怪国人经常不假思索地把它们附会在一起，这是深入骨髓的吧。

幽兰、茶与逸士已经成为中国人骨子里的强烈精神符号，有兰一样气质的君子，能通过自己的淡泊之眼格外精准地看到民族灵魂深处的精髓。譬如《茶经》的作者陆羽，本是寺院收养的弃儿，在离开寺院后曾经一度成为伶人。陆羽对茶的见解是开创性的，他性格中的不妥协与决绝成就了《茶经》，也同时因为不屑于李季卿的物质与势利写出了《毁茶论》。可见茶在最初与兰一样，在骨髓中虽然脱胎于有形之物，但已上升为某种精神符号了。

像喜爱兰花与茶的唐代诗人陆龟蒙，本是长洲人，曾任苏、湖二郡从事，后隐居在松江甫里，号甫里先生。他性格高放，不交俗流，常写诗吟咏兰与茶，退隐之后在浙江长兴的顾渚山脉购置茶园，开园种茶。每年制作好新茶，他都亲自品尝评定等级。

他曾经写过《茶书》一篇，但已经亡佚，现在只能看到他写的关于茶的诗词，这也是距离陆羽《茶经》最近的可供考证的诗词版《茶经》。还有早年做官、晚年隐居在井口附近梦溪的沈括，除了著有《梦溪笔谈》，还著有《茶论》等作。

而师承于沈周的文徵明，素来喜欢画兰与茶。他所绘的兰花图传世

（明）文徵明，《兰竹图卷》局部，藏于北京故宫博物院

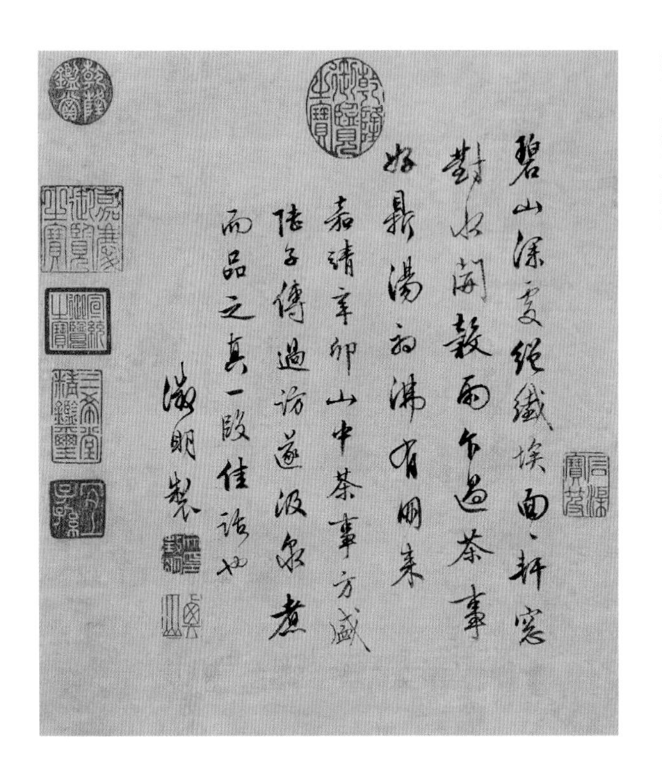

（明）文徵明，《品茶图》题款部分，藏于台北故宫博物院

颇多，北京故宫博物院所藏的《兰竹图卷》后，有文徵明自己的题款：“余最喜画兰竹，兰如子固、松雪、所南……”文徵明的兰花恬淡优雅，常伴之以枯木怪石。

而现藏于台北故宫博物院的《品茶图》则极为详细地记录了文徵明在苏州虎丘品茶会友的雅事。在竹篱茅舍间，一雅士于屋内凝神眺望，小书童在一旁烹煮茶叶。据所题后记，这一年是嘉靖十三年（1534）。这一年的谷雨时节，好友齐聚虎丘饮茶。文徵明时年 65 岁，因为抱病不能前往，茶会结束后朋友前往探视病中的文徵明，并带给他新茶以示安慰。兴之所至，他感怀追忆皮日休与陆龟蒙唱和，分别作《茶中杂咏》和《奉和袭美茶具十咏》，于是题于画上并赋诗一首。

兰的隐与逸、茶的清与俭和文徵明的精神世界相契合，伴随着他的余生。而他留存于世的墨迹，每每抚看临摹总能传达给后人以美和淡泊。

从陆羽到文徵明，都充满了从唐以来古人的浪漫和优雅。也正是他们这种用自己生命的沉静、爆发出来的精髓，为后世留下了丰富的精神文化遗产。这才是“兰花香”的精髓，与茶是互为表里的呼应。

真兰何香?

那常人所说的兰花香究竟是什么?

云南林业科学院的蒋宏老师说，传统中国人所说的兰花香一般都有特殊的地域性。譬如江浙一带的环境更适合春兰、蕙兰生长，福建的则是建兰，广东养殖的更多是墨兰。兰花的养殖受其地区气候所限，有特殊的区域性，就像善做绿茶的江浙，善做乌龙的福建、广东，都是因为地域特点衍生出多种多样的工艺及味道。

那么可以判断，大多数江浙绿茶产区的人形容兰香的时候，指的是春兰、蕙兰的味道，到了福建演变成建兰的香气，广东则多数指墨兰。这让“兰花香”这个虚无缥缈的感官词语终于有了一个实在的答案。

但关于兰花的香气，这是终极答案吗?用7年时间，拍摄研究400多种野生兰花的“90后”青年韩周东给出了完全不同的答案。当我问他兰花什么味道时，韩周东说什么味道都有。譬如密茎贝母兰的味道幽香，美花卷瓣兰的味道却是臭的，紫纹兜兰没有味道，尖角卷瓣兰却有新鲜蛋白质的味道……似乎在他的叙述下，兰花香有了一个无法穷尽的答案。因为兰花与茶都是异花授粉植物，极强的变异性让它们用变幻莫测的香气吸引着人类的注意力。物质层面的兰花香，就此有了多元的答案。

但茶不仅仅是一种可以追逐购买的物质，曾经有人把茶列入苍老势力的消费升级概念中，这是既现实又错误的。茶这种东方人的精神饮料，不是西方下午茶社交中阔太太、娇小姐彰显自己的那种金钱游戏的道具。

紫纹兜兰［左上］
美花卷瓣兰［左下］
密茎贝母兰［右上］
尖角卷瓣兰［右下］

我们当然没有遗失掉那唐的浪漫与宋的礼仪，只是它像那兰花一样生在高山幽谷，并不为挚爱、追捧它的人而存在。

中国之茶以自然为道，在云南人火膛边的茶罐罐里，在四川街头茶馆的盖碗中，在江浙随便一户老人的紫砂壶内，在厦门街头的小茶桌上，在老北京浓浓酽酽的大瓷杯中。中国的博大庞杂，经常让那些抱着试图总结、找寻中国经典文化内核的人，在浩瀚广大的土地上体会着虚无和茫然。

正如唐代诗人贾岛所写的那样："松下问童子，言师采药去。只在此山中，云深不知处。"就像那幽居山间的兰花，在空远山间闻得兰香却未见兰影，中国茶也一直这样放松随意着。不似日本一定要把一种美说破说尽，唯恐人不知地摊放尽览。

现藏于东京国立博物馆的《碣石调·幽兰》是唯一一首以文字留存下来的古琴曲谱，其内容当然以兰为精神蓝本。这本来是中国的古琴曲谱，却是后水尾天皇的旧藏，后被他赐给当时京都有名的伶人。

后水尾天皇同时笃信佛教，曾经拜福建渡海而来的隐元禅师为师。而这位明末清初的禅宗僧人，祖籍福建福清，把福建饮茶的方法带到了日本，除了开创了日本禅宗黄檗宗，他也是日本煎茶道的始祖。不知道看到这儿，你是否还会产生"为什么中国没有茶道"的疑问。

* 本文作者刘姝滢，专栏作者，纪录片撰稿人，摄影韩周东。

全扶文武即桃武應手汎十二十三前後搯羽武無名
當暗徵無名便打文 一句 暗徵 進徵是也 仰汎十二却轉武文食
指仍歷至徵緩全扶角徵無名節打角疾全扶徵羽
手汎十一十二食指季羽文仰汎十二半扶徵羽間拘
角徵手汎十十一中指季徵羽覆汎十作前桃間拘轉
指聲歷文羽手汎十十二前後搯面羽仍仰汎十二食
指桃羽應 一句 食指大指俱汎十二大指中指齊撮面
武文撮宮文食指大指移汎十一 ム 齊撮面武文撮宮
文食指大指移汎十亦齊撮面武文撮宮文食指大指
移汎十一齊撮宮文文撮面武文撮宮文 丘公云白齊撮 以下有若仙骨
無名當十案徵羽間拘徵羽大指當九亦案徵羽疾全
扶徵羽仰汎十一無名打面覆汎九桃羽仰汎十一無名
打徵覆汎七桃文應覆汎不動食指歷武文食指對
汎宮無名打宮食指桃文應 一句 小息 無名當八案徵羽文
半扶羽文大指當七八間打文取聲仍緩感上至七還
下鶩豪案文半扶羽文大指三指文起 兩指當中 一指當七 半扶羽
文仍間拘羽徵無名當九案角以下間拘徵角急全
扶徵羽無名當八案羽已下半扶羽文大指於七八間打
文取聲仍蠲羽文無名不動大指隨蠲抑上至七 九五 度蠲
之初綴 復爲 食指打文大指不動食指對大指汎宮無名打
宮桃文又齊搯宮文 一句 拍之

碣石調幽蘭第五 此弄宜緩消息彈之

楚調　千金調　胡笳調　感神調
楚明光　鳳歸林　白雪　易水　幽蘭
烽春　淥水　幽居　坐愁　秋思
長清　短清　長側　短側
上上舞　下上舞　上間絃　下間絃
登隴　望秦　竹吟風　哀松路　悲漢月
辭溪　跨鞍　望鄉　奔雲　入林
華舜十游　史明五弄　董挾五弄
鳳翅五路　流波　雙流　三挾流泉　石上流泉
蛾眉　悲風掃瀧頭　風入松　游絃　楚客吟秋風
東武太山　招賢　反顧　閑居樂　鳳遊園　蜀側
古側　龍吟　千金清　屈原歎　烏夜啼　瑟調
廣陵止息　楚妃歎

（唐）佚名，《碣石调·幽兰》局部，藏于东京国立博物馆，是唯一一首以文字谱保留下来的古琴曲谱，为现存最古老的古琴谱

茶何以禅

茶何以禅？茶能将养生、得悟、体道三重境界合而为一，当“禅机”“茶理”融于一境，即禅茶，即茶禅。

早期茶与佛教

最新考古发掘与研究表明，中国人对于茶的种植利用，目前可知的最早的时间是距今6000年前，浙江余姚田螺山出土的人工种植的茶树根遗存即是其明证。人类对茶最早的利用是药用与食用兼具，最晚到西汉，已经明确开始有居家饮用的茶叶。

佛教自东汉明帝时传入中国，至两晋时期，茶已经为佛教僧侣所用，直至南北朝时期，佛教用茶多为僧侣自饮与待客。

相传净土宗初祖，东晋时的慧远大师（334—416）入庐山住东林寺，曾以自种自制的茶款待好友，常“话茶吟诗，叙事谈经，通宵达旦”。

僧侣种茶的最早记录，相传是西汉吴姓僧人法名理真者在四川蒙顶所种蒙顶茶。南宋王象之《舆地纪胜》记：“西汉时有僧从岭表来，以茶实植蒙山，急隐池中，乃一石像。今蒙顶茶擅名，师所植也，至今呼其石像为甘露大师。”明曹学佺《蜀中广记》记载：“昔普惠大师生于西汉，姓吴氏，挂锡蒙顶之上清峰中，凿井一口，植茶数株，此旧碑图经所载为蒙山茶之始。”虽然明清以来学者即对甘露大师为西汉僧人的身份有质疑与探讨，但其植茶蒙顶之事却为当地人所深信。

《茶经》卷下《七之事》中所记南北朝时僧人释法瑶在武康小山寺饮茶、昙济道人在八公山以茶待客，都是南方产茶地区寺院的僧人自己饮茶以及以茶待客的较早记录。

释道说《续名僧传》记载："宋释法瑶，姓杨氏，河东人。元嘉中过江，遇沈台真，请真君武康小山寺，年垂悬车，饭所饮茶。永明中，敕吴兴礼致上京，年七十九。"

《宋录》："新安王子鸾、豫章王子尚，诣昙济道人于八公山，道人设茶茗。子尚味之曰：'此甘露也，何言茶茗？'"

佛教与茶的最初关系，是简单的日常生活应用。

茶与坐禅

释迦牟尼拈花示众，迦叶微笑得其所传，从此有以心传心之教外别传。南北朝时印度僧人菩提达摩将教外别传之禅宗传至中国。传说中茶与禅宗有着极深的渊源关系，达摩来到中国，在嵩山面壁九年，终于大彻大悟，得道成佛，成为中国禅宗的开山祖。日本茶道界相信达摩亦是茶的始祖。

达摩僧和茶树的古事，在梁武帝天监十八年（519），达摩僧到中国的时候，于数年间继续着不睡也不休息的坐禅。不料有一天晚上，他疲劳得无法控制，竟被睡魔所制，第二天醒觉以后，懊恨万分，遂把两眼用剪挖落，掷诸地上。但是到隔天，两只眼珠变了两株植物，达摩僧采其叶而试食之，则无限欢喜涌现于胸际，惊喜之余，就将此法传授弟子，从此以后，吃茶的事情，遂传播于世上了。

这种传说几乎没有一丝靠得住的成分，但禅僧们热衷于茶却是不争的事实。

作为一种外来的宗教，佛教在中国的传播，在不同的历史时期，凭借僧徒们勤奋与敏锐的感触，抓住了不同的社会生活重心与人们的关注点，利用一切可能的物品和方式，从而把握了很多的历史机缘，将佛教的影响传入中国的思想界、文化界，传入普通中国人的日常生活和信仰之中。

深山藏古寺，高山出好茶，佛教与茶在地理上有一种自然的亲近。达摩眼睛落地而成茶树的传说，表明了人们对茶与禅之间关系的相信。

茶在唐代始为人们所广泛饮用，新起的禅宗亦于此时开始在传道中利用茶饮。唐封演《封氏闻见记》卷六记曰："开元中，泰山灵岩寺有降魔师，大兴禅教。学禅务于不寐，又不夕食，皆许其饮茶。

（明）宋旭，《达摩面壁图》，藏于旅顺博物馆

人自怀挟，到处煮饮。从此转相仿效，遂成风俗。”佛教利用茶饮传道，茶饮亦借佛教之力，在本不饮茶的北方传播开来。

降魔禅师利用茶饮能使人不睡的特性传教，或许是达摩传说形成的源头，抑或是该传说的结果。但不论其先后的顺序怎样，本质都是一样，即禅宗开始利用茶饮辅助传教。

早期禅宗与茶，是佛教早期对茶的简单日常应用之外，对茶叶令人不眠的功效加以利用的关系。

茶与参禅传灯

《封氏闻见记》所记降魔禅师开元（713—741）中以茶助坐禅之事，是目前可见最早的茶与禅发生关联的一般文献记载。而《景德传灯录》所记载马祖道一（709—788）以茶试沩潭惟建，则是在禅宗史传中首见借茶传法的记载［因马祖开元中尚在衡岳跟从南岳怀让师修习禅定，在一同学禅的九人中唯一得怀让师传授心印。大历（766—779）中始在开元精舍驻锡传法。时间上晚于《封氏闻见记》所记开元中的这条材料］。

在《传法宝记》《宝林传》《祖堂集》等书尚未重新为世人发现之前，《景德传灯录》是禅宗最早的一部史书，面世以来在佛教内外产生了广泛的影响，此后引发出宋代一系列禅宗灯录、语录、评唱等类似风格禅宗著述，共有十余种，它们对宋代禅宗思想与风格的转变，有着深刻的影响，是研究禅宗史的重要资料。

《景德传灯录》30 卷中言及茶者，总计约 130 处，僧徒传承之间以茶传法的事例，不下六七十条。其中最早出现者，是马祖道一以茶试泐潭惟建的故事：

> （泐潭惟建）一日在马祖法堂后坐禅。祖见乃吹师耳两吹，师起定，见是和尚，却复入定。祖归方丈，令侍有持一碗茶与师，师不顾便自归堂。（卷六）

隋唐以来，禅宗大兴，五祖弘忍（602—675）提出“即心是佛”的理论，倡导不立文字顿入法界的东山之门。六祖慧能（638—713）在其基础上提出直指人心，“明心见性”“见性成佛”“即心是佛”，使“即教悟宗”的如来禅发展成为“借师自悟”的祖师禅，其顿悟禅法，成为禅宗的主流，并进而成为中国化佛教的主流。而在戒律方面，慧能南宗禅提倡“无相戒”法，“自皈依三身佛”。

在这些理论基础上，马祖道一提出“平常心是道”的命题，提出“只如今行住坐卧，应机接物尽是道”。在传法中，马祖大量运用隐语、动作、手势、符号，乃至呵斥、拳打脚踢、棒击等方法，以助求法者悟，得以显现自性，从而使禅风发生了重大的变化，成为禅宗由“祖师禅”向“分灯禅”转变的历史节点。马祖以茶传法，实为禅茶的滥觞，此后历代禅师多有以茶传法以助人禅悟者。

而在当时，马祖以茶传法似乎已然成为其标志。《祖堂集》卷四“丹霞”记曰：

唐五祖弘忍大師

《达摩六代祖师图》之五祖弘忍［左页上图］
《达摩六代祖师图》之六祖慧能［左页下图］

丹霞和尚……少亲儒墨，业洞九经。初与庞居士同侣入京求选，因在汉南道寄宿次，忽夜梦日光满室。有鉴者云："此是解空之祥也。"又逢行脚僧，与吃茶次，僧云："秀才去何处？"对曰："求选官去。"僧云："可惜许功夫，何不选佛去？"秀才曰："佛当何处选？"其僧提起茶碗曰："会摩？"秀才曰："未测高旨。"僧曰："若然者，江西马祖今现住世说法，悟道者不可胜记，彼是真选佛之处。"二人宿根猛利，遂返秦游而造大寂。

丹霞和尚未入道时，逢行脚僧相与吃茶，行脚僧提起茶碗，表示应向马祖学法，表明茶已成为马祖传法的某种代名词。

而在《景德传灯录》众多的茶禅事例中，最多的是以茶助禅悟，其中以茶为应答的重大问题超过10个，如："如何是祖师西来意？""如何是教外别传底事？""作么生是如来语？""如何是正燃灯？""恁么即真道人也？""如何是平常心合道？""如何是顺俗违真？""古人道前三三后三三意如何？""生死到来时如何？""如何是和尚家风？"多涉及禅门对佛法大义的终极追问。例如对禅宗宗门本质的追问：

问："如何是教外别传底事？"师曰："吃茶去。"（卷十八·福州鼓山兴圣国师神晏）

禅宗宗旨，如达摩大师《悟性论》中所言："直指人心，见性成佛，教外别传，不立文字。"是不设文字，直传佛祖的心印，故称教外别传。

《达摩六代祖师图》之始祖达摩

对禅宗祖师达摩西来意旨的追问：

襄州历村和尚，煎茶次，僧问："如何是祖师西来意？"师举茶匙子，僧曰："莫只这便当否？"师掷向火中。（卷十二）

历村和尚是临济义玄（约787—866）的弟子，其举茶匙子以行为作答传法的举动，是马祖以来分灯禅所喜用的传法手段，而他将茶匙扔向火中的手法，则要比乃师棒喝交加的临济门风柔和了许多。再如，问什么是平常心合道：

问："如何是诸佛境？"师曰："雨来云雾暗，晴干日月明。"问："如何是妙觉明心？"师曰："今冬好晚稻，出自秋雨成。"问："如何是妙觉闻心？"师曰："云生碧岫，雨降青天。"问："如何是平常心合道？"师曰："吃茶吃饭随时过，看水看山实畅情。"（卷二十二·福州报慈院文钦禅师）

问生死大事：

问："生死到来时如何？"师云："遇茶吃茶，遇饭吃饭。"（卷十一·益州大随法真禅师）

问禅宗的传统、规范或风尚：

问："如何是和尚家风？"师曰："饭后三碗茶。"（卷十二·吉州资福如宝禅师）

问："如何是和尚家风？"师曰："斋前厨蒸南白饭，午后垆煎北苑茶。"（卷二十二·福州怡山长庆藏用禅师）

这种种问题，都是对佛法大义、禅宗真谛的追问。

对这些终极问题、根本问题的"吃茶去"式回答，是禅宗明心见性、直指人心、见性成佛的常用传法手段，它与临济义玄 "棒喝交加"的临济门风一样，与云门文偃"三句语"中的第二语"截断众流"的宗旨一样，都是为了"打念头"，即制止参禅者按着原来的思路继续思考下去，而使他们改变思维方式，以求得顿然醒悟，参透禅旨。

通览《景德传灯录》，用"截断众流"而达到传法目的的物品、意象很多，很热闹。只"如何是祖师西来意"一问，所答便有数十种之多，无法遍举。在众多五彩缤纷的"截断众流"的借喻之中，茶很突出，能够回答众多不同的佛法大义及终极问题的追问，以及各个寻法求真的问题。甚至形成了赵州从谂禅师（778—897）著名的三字禅"吃茶去"公案，成为人们谈论茶禅最重要的依据之一。

"吃茶去"公案与禅茶

庐山归宗寺智常禅师最早言及"吃茶去"：

师刬草次，有讲僧来参。忽有一蛇过，师以锄断之，僧云："久向归宗，元来是个粗行沙门。"师云："坐主，归茶堂内吃茶去。"（卷七·庐山归宗寺智常禅师）

智常禅师是马祖道一法嗣，元和年间（806—820）主持江西庐山归宗寺，从宗门辈分上来说，他是南岳下二世，高于南岳下三世的从谂一辈，是从谂师父南泉普愿（748—834）的师兄。其所言吃茶去，时间远早于从谂。与从谂差不多同时讲"吃茶去"的，是与其同为南岳下三世的处微禅师所言的"吃茶去"公案：

问仰山："汝名什么？"对曰："慧寂。"师曰："那个是慧？那个是寂？"曰："只在目前。"师曰："犹有前后在。"对曰："前后且置，和尚见什么？"师曰："吃茶去。"（卷九·虔州处微禅师）

《景德传灯录》中共有18位禅师20多次用及"吃茶去"，大多数都是用于回答学者提出的问题。除却前文所提及的对佛法大义、禅宗真谛追问等终极问题的回答之外，也有对一般问题的回答，如：

问："不向问处领，犹是学人问处。和尚如何？"师曰："吃茶去。"（卷十八·福州莲华山永福院从弇禅师）

僧问："久向卢山石门，为什么入不得？"师曰："钝汉。"曰："忽遇猛利者，还许也无？"师曰："吃茶去。"（卷二十·泉州

卢山小溪院行传禅师）

问："如何是伽蓝？"师曰："只这个。"曰："如何是伽蓝中人？"师曰："作么？作么？"曰："忽遇客来，将何祇待？"师曰："吃茶去。"（卷二十·定州石藏慧炬和尚）

福州闽山令含禅师，初住永福院。……僧问："既到妙峰顶，谁人为伴侣？"师曰："到。"僧曰："什么人为伴侣？"师曰："吃茶去。"（卷二十一）

问："不涉公私，如何言论？"师曰："吃茶去。"（卷二十二·漳州报恩院行崇禅师）

问："古人道：前三三，后三三。意如何？"师曰："汝名什么？"曰："某甲。"师曰："吃茶去。"（卷十三·吉州资福贞邃禅师）

伏龙山和尚来，师问："什么处来？"曰："伏龙来。"师曰："还伏得龙么？"曰："不曾伏这畜生。"师曰："吃茶去。"（卷十七·明州天童山咸启禅师）

师问僧："什么处来？"曰："报恩来。"师曰："众僧还安否？"曰："安。"师曰："吃茶去。"（卷二十四·升州清凉院文益禅师）

在众多禅师皆曾以"吃茶去"传法的局面之中，赵州从谂的"吃茶去"别有格调：《五灯会元》卷四"赵州从谂禅师"条下则详细记录了关于"吃茶去"的公案：

师问新到僧："曾到此间么？"曰："曾到。"师曰："吃茶去！”又问僧，僧曰：“不曾到。”师曰：“吃茶去！”后院主问曰：“师父，为什么曾到也云吃茶去，不曾到也云吃茶去？”师招院主，主应诺。师曰：“吃茶去！”

可以看到，其余众禅师“吃茶去”只答一问一参，从谂禅师则是三问一答，境界更高。曾到与不曾到都教吃茶去，是教消融差别，用一颗平常心吃茶，以体悟自心，这就是马祖所倡导的平常心是道的境界。

今人评价赵州：“从谂禅法的基本思想是主张自性自悟，强调心性本来清，反对各种分别和执着。他说：‘金佛不度炉，木佛不度火，泥佛不度水，真佛内坐。菩提涅槃，真如佛性，尽是贴体衣服，亦名烦恼。实际理地甚么处着。一心不生，万法无咎。’阐扬上述思想的赵州的问答、示众等公案，更是脍炙人口。”赵州“吃茶去”三字禅，即反对分别与执着的典型公案。

南宋《石田法薰禅师语录》卷二“拈古”记：“举：僧访赵州，州云：吃茶去公案。颂云：曾到未到俱吃茶，为君抉出眼中花。犀因玩月纹生角，象被雷惊花入牙。”从中可知，“吃茶去”早已成为赵州的著名公案。

赵州“吃茶去”公案影响很大，有称为“赵州茶话”公案，也有称之为“赵州茶”者。因为语词之间多加了一转换，甚至有愚人妄加生解“赵州茶”：“今愚人不明祖师大意，妄自造作，将口内津唾，灌漱三十六次咽之，谓之吃赵州茶。或有临终妄指教人，用朱砂末茶点一盏吃了，便能死去，是会赵州机关。更可怜悯者，有等魔子以小便作赵州茶。何愚惑哉！非妖怪而何耶！真正修心者，但依本分念佛期生净邦，切不可妄将祖师公案杜撰穿凿，是谤大般若之罪人也。不见道乍可粉身千万劫，莫将佛法乱传扬。”

为此，元僧优昙普度《庐山莲宗宝鉴》在卷十《念佛正论》专列《辩明赵州茶》一章，列举妄人对赵州茶的种种妄解，是不解茶，更不了禅。从中既可反窥赵州“吃茶去”公案的影响之大，更可知禅茶、禅、佛法，非修持见心见性，不可轻易悟证。

禅门以茶悟禅，除却“吃茶去”公案外，另亦有迹可寻。《景德传灯录》记杭州佛日和尚在夹山善会（805—881）处参禅遇普茶时，以茶悟禅：

> 一日大普请，维那请师送茶。师曰：“某甲为佛法来，不为送茶来。”维那曰：“和尚教上座送茶。”曰：“和尚尊命即得。”乃将茶去作务处，摇茶碗作声。夹山回顾。师曰：“酽茶三五碗，意在镬头边。”夹山曰：“瓶有倾茶意，篮中几个瓯。”师曰：“瓶有倾茶意，篮中无一瓯。”便倾茶行之。时大众皆举目。（卷二十・杭州佛日和尚）

善会禅师于唐懿宗咸通十一年（870）在夹山开辟道场，有僧问：“如何是夹山境？”答曰：“猿抱子归青嶂里，鸟衔花落碧岩前。”禅意诗情，极为浓郁，因而夹山也被禅师们称为“碧岩”。宋代佛果圆悟克勤把他的评唱集取名为《碧岩录》，即因于此。圆悟克勤给虎丘绍隆的印可状由一休宗纯传给日本茶道开山祖村田珠光（1423—1502），珠光最终因圆悟克勤的墨迹而悟出“佛法存于茶汤”的道理，后人传播日本茶禅文化，即将村田珠光所悟出的道理称为“茶禅一味”——其实这名词要到18世纪才在日本出现。当今国内讲茶禅、禅茶，居然有人一路辗转追寻到夹山！但在夹山讲佛法“酽茶三五碗，意在镬头边”的却是佛日和尚。（有人甚至误将佛日和尚所言置于夹山名下。）

唐昭宗时（888—904）陆希声拜访沩仰宗祖师之一仰山慧寂禅师（840—916），慧寂亦用“酽茶”来讲佛法禅意：

> 问：“和尚还持戒否？”师云：“不持戒。”云：“还坐禅否？”师云：“不坐禅。”公良久。师云：“会么？”云：“不会。”师云：“听老僧一颂：滔滔不持戒，兀兀不坐禅。酽茶三两碗，意在钁头边。”

不用持戒，不用坐禅，在三两碗酽茶中，即可品味得无上禅机。

而《景德传灯录》卷二十六记由五代十国入宋的慧居禅师时，以禅门日常生活讲禅，可以说同于前引卷二十二文钦禅师以“吃茶吃饭随时过，看水看山实畅情”作答的“平常心合道”，以及卷十二资福如宝禅师“饭后三碗茶”的“和尚家风”：

> 杭州龙华寺慧居禅师，闽越人也。自天台领旨，吴越忠懿王（929—988）命住上寺。初开堂众集定。……异日上堂，谓众曰：“龙华遮里也只是拈柴择菜，上来下去，晨朝一粥，斋时一饭，睡后吃茶。但恁么参取珍重？”（卷二十六）

就如同延佑本《景德传灯录》书末《魏府华严长老示众》所讲：“佛法事在日用处，在尔行住坐卧处，吃茶吃饭处，言语相问处。”可以说都是更进一步地解释了马祖道一“平常心是道”的“只如今行住坐卧，应机接物尽是道”。而这些，与华严宗的“法界缘起，事事无碍”“理无碍、事无碍、理事无碍、事事无碍”可以说已经几乎是相去无间了。这又与宋代佛教宗门派别逐渐倾向于合流的趋势相吻合。

茶宴与文人的禅悦之乐、丛林的茶汤盛典

茶宴，是以茶为载体的欢宴聚会。在现今可见的文字资料中，以茶宴饮聚会的活动，除称茶宴外，又有茗宴、茶筵、茶会、会茶等。

茶兴于唐。中唐时，茶业与茶文化俱大兴，茶神陆羽写出了《茶经》，诗人们作“茶道”之诗，而茶宴也在此时开始出现，大约在唐代宗大历年间（766—779）。

茶宴的出现，大抵与唐代的宴饮会食之风习制度、文人游历之风、蕃镇使府文职僚佐征辟制度，以及寺庙留住文人士子的习惯相关。文人之间，以及文士与僧道之间的筵宴聚会大为增多。一般筵宴当以酒饮为多，然而茶文化的兴盛，使得以茶为题、为载体的聚饮，也逐渐加多，渐渐地形成“茶宴”这种新文化现象。

代宗大历中后期茶宴初兴，主要流行在浙东、浙西地区（唐时浙西包括今江苏南部的苏州、镇江等地区），主要见行于文人士大夫雅集聚饮，茶宴赋诗，尤以联句（又称联唱）为多。其中有茶宴联唱，并在茶

宴联唱诗中表达“禅悟之趣”。

现今可见最早的明确题为“茶宴”的聚会，是大历年间严维、吕渭等人在越州云门寺举行的两次茶宴，并有联句诗传世，其一《松花坛茶宴联句》，其二《云门寺小溪茶宴怀院中诸公》，通篇都是“禅悟之趣”。如《松花坛茶宴联句》中的诗句“焚香忘世虑，啜茗长幽情”，《云门寺小溪茶宴怀院中诸公》中的诗句“黄粱谁共饭，香茗忆同煎”“暂与真僧对，遥知静者便”。

浙东诗坛联唱以及茶宴活动，因茶神陆羽传至浙西湖州。陆羽曾经在大历八年至十二年间（773—777）与以颜真卿为中心的文人圈泛舟湖上，饮茶赏月，吟诗联句，如与颜真卿、皇甫曾、皎然的《七言重联句》中皇甫曾的诗句：“诗书宛似陪康乐，少长还同宴永和。夜酌此时看碾玉，晨趋几日重鸣珂。”诗题虽未言饮茶，而“夜酌此时看碾玉”句则已表明。而从颜真卿、陆士修、张荐、崔万、皎然诸人的《五言月夜啜茶联句》则可以看到以茶为题的宴饮聚会情形。

大约在大历中后期的774—779年间，作为地方官的诗人李嘉祐曾在京口招隐寺以茶宴送人，并赋诗《秋晓招隐寺东峰茶宴（送内弟阎伯均归江州）》；大历十才子之一的钱起（吴兴人），还写有《与赵莒茶宴》；德宗至宪宗时人吕温曾写有《三月三日茶宴序》；等等。

在浙东浙西诗人群的茶宴联句中，都可以看到以茶用于悟禅修道的身影：“流华净肌骨，疏瀹涤心原”“焚香忘世虑，啜茗长幽情”。可以说它们是兼具文人化和世俗化特征的禅茶文化，与世俗传统文化互相促进发展的契机。

茶宴出现在丛林生活中的另一个契机，是唐五代时帝王在礼遇名僧时对茶宴的应用。云门文偃（864—949）曾举寿州良遂参礼蒲州麻谷山宝彻禅师公案，其中记道："自后良遂归京，辞皇帝及左右街大师大德，再三相留。茶筵次，良遂云：诸人知处良遂总知，良遂知处诸人不知。"宝彻禅师是马祖道一法嗣，良遂是再传弟子，所以这里所记应当是晚唐的皇帝为留良遂而办茶筵。《宗门拈古汇集》记南唐李后主在请僧问话讲法时，曾有曰："寡人来日置茶筵，请二僧重新问话。"帝王设茶宴待僧，可见茶宴之礼的隆重。

而到五代时，已可见禅寺中有了茶宴："升州清凉院文益禅师，余杭人也。……至临川，州牧请住崇寿院。开堂日，中坐茶筵未起时，僧正白师曰：'四众已围绕和尚法座了也。'"（《景德传灯录》卷二十四）

法眼文益（885—958）禅师，是法眼宗的创始人。后唐清泰二年（935），文益应抚州府州牧的邀请，在临州崇寿院弘扬佛法。晚年深受南唐烈祖李昪的敬重，先后在金陵（今江苏南京）报恩禅院、清凉寺开堂接众。文益在金陵三坐道场，四方僧俗竞相归之。后周世宗显德五年（958），文益圆寂，享年 74 岁，葬江宁县无相塔，谥号"大法眼禅师"。文益在临川崇寿院初开堂升座讲法之先，寺中办茶宴，可见其初法的隆重。

法眼文益

入宋，茶宴更是在僧俗两界盛行。

宋政府在给地方官员所发的俸禄中，曾特别给那些还没有发放公使钱的地方官们派发"茶宴钱"："淳化元年九月，诏：诸州军监县无公使处，遇诞降节给茶宴钱，节度州百千，防、团、刺史州五十千，监三泉县三十千，岭南州军以幕府州县官权知州十千。”

宋代的公使钱，又称公用钱，是在正常经费外给地方各级政府主管官员的特别费用，用为宴请及馈送过往官员，相当于现在的招待费，钱的数目视官品之高下而定。“茶宴钱”能成为公使钱的特别名目，可见“茶宴”流行之广泛。

而在禅门之内、信众之间，茶宴之施设，也是很为常见。而茶宴之设，大抵为显礼遇隆重，多为预升座讲法之备。如《明觉禅师语录》记明觉禅师雪窦重显（980—1052）所到之处，僧俗两界多有茶宴之设。

雪窦重显是云门文偃下三世，是宋代文字禅的著名代表人物，宋代文字禅以颂古、拈古、代语、别语等为重要表达形式，《雪窦显和尚颂古》是著名的颂古著作之一。重显幼年旧友曾会于天禧年间（1017—1021）任池州知州，因重显之言而得立即省悟。

在重显打算游历浙江诸地时，曾会建议他到杭州灵隐寺，并给当寺住持延珊禅师写了一封推荐信。重显到灵隐寺，却没向住持出示曾会的推荐信，在僧众中修持 3 年。后来曾会奉使浙西，竟然才在灵隐寺上千普通禅僧中查找到他，深表敬重。经曾会推荐，苏州吴江太湖翠峰禅寺迎请重显前往担任住持近 3 年。

后来宋仁宗天圣元年（1023），曾会出知明州，迎请重显赴任雪窦山资圣寺住持，共 29 年。远近禅僧前来参谒和受法者日多，《禅林僧宝传·重显传》称：“宗风大振，天下龙蟠凤逸衲子争集座下，号云门中兴。”重显在灵隐，经秀州至越州时，各地皆有茶宴之设，请其升座说法：

师在灵隐，诸院尊宿，茶筵日，众请升座。

师到秀州，百万道者备茶筵请升堂。

越州檀越备茶筵，请师升座。

而若不参加别人专为设办的茶宴，则要写专门的回复，如契嵩的《退金山茶筵（回答）》：“某启：适早监寺至辱笺命，就所栖以预精馔，意爱之勤，岂可言谕乃尽诚素。某虽不善与人交，岂敢以今日之事自亏节义，无烦相外清集，方当大暑，告且为罢之书。谨令人回纳。伏冀慈照。”

在僧史文献、评唱讲古方面，比之原来僧史灯录著作，多出一些设茶、饮茶的记载来，如《天圣广灯录》卷第十二“镇州三圣院慧然禅师”条下，记曰：“师辞仰山，仰山将拂子与师。师云：某甲有师在。仰山云：是谁？师云：河北临济和尚。仰山云：老僧罪过，少留一两日，备茶筵相送。”是《景德传灯录》卷十五“镇州三圣院慧然禅师”条内所没有的内容。

又如佛果圆悟禅师（1063—1135）《碧岩录》卷第五记“投子一日为赵州置茶筵相待”、《万松老人评唱天童觉和尚颂古从容庵录》记“（投）子置茶筵相待（赵州）”，都是北宋道原所撰《景德传灯录》卷十五“舒州投子山大同禅师”条下原本所没有的内容。

然而，在宋时僧人所编的几部清规中，却一般不见“茶宴”之名，这亦可以从当时和尚的语录中窥见些消息。如《虚堂和尚语录》卷第三记虚堂智愚和尚（1185—1269）举米胡访王常侍公案。虚堂智愚，号虚堂，俗姓陈，四明象山人。16 岁依近邑之普明寺僧师蕴出家，先后在多处修行、住持。度宗咸淳元年（1265）秋，奉御旨迁径山兴圣万寿寺。《虚堂和尚语录》共 10 卷，为临济宗的重要语录。虚堂智愚是活跃于南宋时代的一位高僧，许多日本僧人也拜在其门下。

> 米胡访王常侍，值判事次，常侍才见，举笔示之。胡云："还判得虚空么？"侍掷笔归宅堂。米胡致疑。次日凭华严置茶设问。米胡和尚："有何言句，不得相见？"侍云："狮子咬人，韩卢逐块。"米胡闻得，出来大笑云："我会也。"侍云："试道看。"胡云："请常侍举。"侍乃举起一只箸。胡云："野狐精。"侍云："者汉彻也。"师云：米胡当时才见举笔，便入客位。管取为席上之珍，无端再设茶筵。累他华严，脑门着地，只如常侍道者汉彻也，那里是他彻处。试下一转语看。

前言"置茶"，后言"茶筵"，可见在宋僧那里，禅院设茶，即同"茶筵"。若以此观点，看宋时清规中的"煎点"，大致可以认为等同于"茶筵"了。宗赜崇宁二年（1103）时所著《禅苑清规》，言茶之"煎点"时，并不言及茶宴，然而在《众中特为尊长煎点》项下有言："言句威仪诸事，并如特为堂头煎点之法。但末后礼拜起，近前问讯罢，却于筵外触礼三拜，陈谢相伴人。"可见煎点茶汤之礼，实即茶宴。

其实在中唐以后的唐宋时期，茶宴是一种较常见的存在，既是文人士大夫聚会宴饮的文化生活现象，又是丛林禅僧聚集传灯讲法参禅悟道的一种形式，也是文人士大夫与老庄之徒交往中的一种形式，还是社会民众日常生活现象。而丛林茶宴与文人士大夫的茶宴，互有影响，互有交集，也可谓是三教合流的历史文化潮流中的一个具体现象，也是中国茶宴文化的特点。

文人士大夫充满禅悦禅趣的茶宴，是丛林之外禅茶的历史基础。发展至北宋，茶宴之礼在丛林中日益重要，广泛实施，最终在清规中备载丛林茶汤盛礼，形成实质上的中国禅茶文化。

清规与禅茶

魏晋时期开始，随着佛典的翻译以及佛教的逐渐盛行，信众日渐增多，出现了以某位译经僧或者以某寺院传法基地为中心的僧团，而为了管理僧众，在佛教典律尚不甚完备的历史条件下，佛图澄弟子道安（314或312—385），参照现有戒律，根据中国实情首创僧团规范，其令竺佛念、昙摩持、慧常等译出《十诵比丘戒本》《比丘尼大戒》，为整备戒律而"著《僧尼轨范》及《法门清式二十四条》"。

据梁慧皎所撰《道安传》："安既德为物宗，学兼三藏，所制僧尼轨范佛法宪章，条为三例：一曰行香、定座、上经、上讲之法，二曰常日六时行道、饮食、唱时法，三曰布萨、差使、悔过等法。天下寺舍遂则而从之。"虽然此二书皆已不可见，但可以说后世所传之僧制、清规类典籍，皆源自道安之僧尼轨范及佛法宪章（法门清式）。

与道安同时的支遁（314—366）、稍后的道安弟子慧远以及道宣等僧人，也在规范僧团制度方面做了探索性建设：“又支遁立《众僧集仪度》，慧远立《法社节度》。至于宣律师，则立《鸣钟轨度》，分五众物仪，章服仪，归敬仪。此并附时傍教，相次而出。凿空开荒，则道安为僧制之始也。”至南北朝时期，佛教戒律逐渐完备，诸宗派大小乘戒律皆为奉行，且具本土化特色，比如戒断酒肉等。

隋唐以来，禅宗大兴，六祖慧能南宗禅在戒律方面提倡“无相戒”法，“自皈依三身佛”。慧能的再传弟子马祖道一提出“平常心是道”的命题，提出“只如今行住坐卧，应机接物尽是道”。马祖以后，宗风的变化，加之种种的历史机缘，使禅宗在中国迅速发展，僧团不断扩大。道一的法嗣百丈怀海禅师有感于禅宗“说法住持，未合规度，故常尔介怀”，因而别创禅林，改变禅僧寄居律院的局面，并且大约在自唐顺宗至宪宗的十几年间（805—814）制立禅门共居规约《禅门规式》，在戒律方面完成了中国化的转变，从制度上保证僧团的管理与发展。

宗赜是宋代云门宗第六世高僧，同时又被奉为“莲社五祖”，在净土宗中亦有颇高的声名。鉴于怀海虽然规式依存，但是“而况丛林蔓衍，转见不堪；加之法令滋彰，事更多矣”，因而“随机而设教”，更为详细地制立规范——《禅苑清规》。

“丛林以茶汤为盛礼”，《禅苑清规》共 78 条目中有超过 60% 的条目涉及茶汤礼，其中兼及茶、汤的有 39 条，单独言茶的 7 条，单独言汤的 2 条，足见茶汤之礼在丛林生活中的隆盛。其茶礼，从受戒出家，到上堂、念诵、小参，直至冬夏四节茶礼，诸节斋会，日常生活，直至迁化，无一不有。

在后出的宋元诸清规中，《禅苑清规》中茶礼的内容被不断地重复和细化。如南宋佚名《入众须知》将“茶榜式”“夏前特为新到茶单状式”“首座夏前请新到茶状式”“茶汤榜式”“首座请茶状式”等茶汤榜状以书仪形式具体开列。金华惟勉《丛林校定清规总要》（咸淳清规）更是详细绘制了“四节住持特为首座大众僧堂茶图”“四节知事特为首座大众僧堂茶汤之图”“四节前堂特为后堂大众僧堂茶图”“诸山法眷特为住持煎点寝堂庙坐之图”“诸山特为住持煎点寝堂分手坐位之图”“特为新旧两班茶汤管待之图”“夏前住持特为新挂搭茶六出坐位之图”“夏前知事头首特为新挂搭茶八出之图”八幅茶图，同时还开列了“知事请新住持特为茶汤状式”“住持请新首座特为茶牓式”“四节茶汤牓状式”“夏前请新挂搭特为茶单式”“头首点众寮江湖茶请目式”多种茶汤榜状单目式。直到元东林弌（“一”的古字）咸《禅林备用清规》、德辉《敕修百丈清规》，其中茶礼相关的内容又各有继承和创新。它们与《禅苑清规》一起，为研究佛教茶礼提供了最为翔实的历史资料（从诸幅茶图中，可以看到当今日本建仁寺、东福寺等依然保存和施行的四座茶礼的蓝本）。

日本建仁寺的茶道保持了宋代面貌，装点心的托盘也是木制的，关海彤摄

清规里的茶礼，就是实际施行的禅茶。研究《禅苑清规》茶礼，可以看到如下特点：一、清众为丛林茶礼之根本；二、四节茶会为丛林茶礼之盛典；三、职事任免茶会为丛林茶礼之常务；四、僧众茶会、居常

茶礼为丛林茶礼之基础。

四节：结夏、解夏、冬至、新年，是宋代禅宗寺院最重要的节日，于此时所举行的茶汤礼，是寺院最重要的仪式、礼节。南宋末金华惟勉《丛林校定清规总要》云："丛林冬夏两节最重，当留意检举。"从中可以看到宋代禅寺完整的茶会仪式礼节。

四节茶会，共举行三日。由寺院住持及知事、头首（《禅苑清规》常称之为堂头、库司、首座），即寺院管理层和带领大众修行的高僧，分别为下一级职级者或首座和大众举行的茶会盛典。从举办的地点来看，分为两大类：一是住持（常称堂头和尚）在方丈（又称堂头）举办，称为堂头煎点；二是住持、知事、头首在僧堂（或称云堂）举办，称为僧堂内煎点。其程序礼仪基本相同，只是在请客步骤上略有差异，以僧堂内煎点为例，四节茶会的程序礼仪如下：

1. 茶榜请客。
2. 鼓板集客。
3. 问讯烧香。
4. 吃茶。吃茶程序共有三个步骤，包括二茶一药（药当指点心之类）。
5. 谢茶。
6. 送客。

而参加茶会者的礼仪，可以从新到僧对茶汤之礼的学习实用中看到。新到僧人入寺后首先要习熟的是赴茶粥与赴茶汤之礼，以使出堂入堂、上床下床、行受吃食、取放盏橐等行动举止，皆具威仪详序。“或半月堂仪罢，或一二日茶汤罢”，新到僧人才可入室请因缘，可见粥饭之法与茶汤之礼之习熟在丛林生活中的重要。以茶礼来看，“院门特为茶汤，礼数殷重，受请之人不宜慢易”。其具体的仪礼轨范包括了应邀参加茶会茶礼的每一个程序步骤的行为举止。

1. 受请。

2. 闻鼓板赴集。听到举办茶会的茶鼓板声后，及时到达茶会场所，明记自己的座位照牌，随首座依位而立，在住持或行法事人揖座后，安详就座。

3. 在行法事人烧香问讯时，要恭谨致礼。

4. 饮茶吃药时要举动安详，不得出声。

5. 谢茶退席时，俱要行为安详，致礼恭谨。

在参加各种丛林茶会的所有步骤过程中，赴茶汤客人都不得随意说话嬉笑：“寮中客位并诸处特为茶汤，并不得语笑。”

“吾氏之有清规，犹儒家之有礼经”，清规的实行，使得丛林井然有序威仪万千，故而北宋大儒程颢一日过定林寺，偶见斋堂仪，喟然叹曰：“三代礼乐，尽在是矣。”这其中茶礼作用非凡，因为“丛林以茶汤为盛礼”，清规中的茶礼就是禅茶。

日本茶道与茶禅一味的命题

从文质与名实的角度来说，禅茶在中国历史上有实无名，有质无文。因了日本茶道文化往中国的传播，出现了茶禅一味的命题，以及与之相关的禅茶。

茶禅一味的命题源起于日本茶道。日本茶道与佛教和禅的关系，由来已久。从唐宋时代由遣唐使（多是僧人）、入宋僧引入以来，其间的关系自然已经是渊源久远。如《异制庭训往来》中所论述者：“其味苦而甘，茶之性也；其性清而虚者，茶之本也。甘则信义之本也，苦则信义之谓也。信与义者，万法之祖也。……我朝茶之窟宅者，以栂尾为本，开山祖师依习禅勤行之障，睡魔为强敌，为彼对治降伏，植茶为精进幢，传贤首之大教，穷秘密之奥谈……”

作为一项引入的物品与文化，日本茶和茶文化的行为主体从一开始便是社会上层人士——天皇大臣、幕府将军、名寺高僧等，以之作为高级的享用与修禅的襄助。镰仓后期，以养生助修为目的的饮茶，变成茶寄合的茶会与斗茶之风盛行，甚至物极而反，而“成世间之费，亦佛法废绝之因”，如梦窗国师（1275—1351）在《梦中问答》中论及吃茶的得失：

> 今时大异世间常轨之请吃茶，视其做法，养生之分不成，反之，其中更无为学思道之人，成世间之费，亦佛法废绝之因。
>
> 然则同为好茶……视今时所为，以此为艺能而起我执，故清雅

之道废，仅邪恶之缘生，故教、禅之宗师示以勿用心思虑万事之外，时或劝放下万事，别处着手，不足怪也。

从中可以反见高僧梦窗国师对于茶以及佛教与禅茶关系的认同。

室町时代（1336—1573）的茶道其实有着浓烈的战国时代特点，因为这个时代茶道文化的主体是将军和武士。日本学者的研究发现，日本全国都可以发现茶道文化，既有文献中的某些记载，也有多地众多茶道具文物的出土发现，茶道具大多出土在原为战场之地，表明即使在战时，武士也要行茶道，说明茶道于武士社会广泛渗透。同时，为了寻求心灵的平静，以及安之若素地对待生死，武士们也强烈信仰佛教。这些在武士们的家训中多有记载。

"武士与佛教的关系因生死观、净土思想、厌世情绪等而密切纠结。"武士日常生活中的看经、读经、向神佛的祈祷都非常日常化，寺院中普及的茶"也轻而易举地在武士中普及"。"与人生救济的要素相比，吃茶作为坐禅修行、精神修养而被接受的奢侈的饮料，渗透进禅宗与武士之间。"《上井觉间日记》天正十一年（1583）五月六日："参毗沙门堂，在那里做茶道。佛教与茶道结合成为武士茶道隆盛的理由。"而一期一会的日本茶道精神很可能就是武士茶道的印迹。

进入安土桃山时代（1573—1603），即织田信长与丰臣秀吉相继称霸日本的织丰时代（丰臣秀吉在多次大战之前都开茶会，或令千利休陪伴），市民茶道、寺院茶道、朝臣茶道、武士茶道，在相互交往中日益丰富，千利休集大成的草庵茶道与之都有联系与发展。

利休茶道集合了日本社会多阶层借助茶道对战争带来的伤害给予精神慰藉的需求，茶向富有精神性与文化性的茶道升华。

一般而言，日本草庵茶道的发展经历了村田珠光、武野绍鸥（1502—1555）而至千利休三个时期。前文言村田珠光从克勤墨迹悟出“佛法存于茶汤”，大林宗套在给武野绍鸥追善像的偈颂中则赞其“料知茶味同禅味”。千利休则向北向道陈（1504—1562）学茶，跟随大德寺大林宗套、笑岭宗一（1505—1583）参禅。

从此，日本茶道文化的行为主体，从最初的僧侣、公家、武家，转而成为受过禅修训练的以千利休为代表的豪商，和、敬、清、寂等与禅相关的一些理念成为草庵茶道的思想基础，“创造了一个崭新的扎根于日本庶民的禅文化”，以茶道自己的程式礼仪比范禅门清规，“茶道被提升为审美主义宗教”，继承武家茶道“一期一会”这种明显出自佛教的对于生命无常及对世俗关怀的精神，成为非佛教却又张挂禅宗旗帜的独特文化现象——茶道禅。

因而虽然自村田珠光、千利休起，历代茶人都郑重阐述茶道与佛教佛法的关系，但即便“茶禅一味”较早即在临济宗大德寺禅僧义统（1657—1730）的诗句“古人吃茶，茶禅一味，原来原来，此术须贵”中出现，却还须待江户时代茶人们的著作如《禅茶录》等反复提倡，才成为日本茶道“审美主义宗教”的标志性命题。

很显然，日本茶道的茶禅一味，与中国丛林“平常心是道”的无有分别心的吃茶不同，与以茶汤为盛典的丛林茶礼不同，与文人士大夫以茶助禅悟的境界不同：“焚香忘世虑，啜茗长幽情”“煮茗破睡境，炷香玩诗编……闲无用心处，参此如参禅”。日本茶道茶禅的主体是茶人，修茶即修和、敬、清、寂，一期一会的茶道禅；中国茶禅主体分在教内教外，禅茶是丛林禅僧的茶生活、茶礼，是世间向禅文人参悟的诗情茶境，茶永远都只是禅的一种凭借，高悬在上的目标，是对自心自性的体悟，见性成佛。

当然，中国禅茶主体的非一性，必然引起禅茶、茶禅等概念，以及礼法仪轨方面的差异。但佛性无差，众生皆有到达彼岸的智慧，修证者得度。“法界缘起，事事无碍”“随处作主，立处皆真”。以佛教恒顺众生的情怀，不因为出家、在家的身份差别有根本的差异。

茶何以禅？茶能将养生、得悟、体道三重境界合而为一，当“禅机”“茶理”融于一境，即禅茶，即茶禅。南宋冯时行（1100—1163）《请岩老茶榜》之机语比较形象地概括了茶禅：“若色若香若味，直下承当；是贪是嗔是痴，立时清净。”以茶使人清净，而去嗔痴，断妄念，犹如以戒得定而后慧，得悟禅意佛法，见性证悟。

* 本文作者沈冬梅，中国社会科学院历史所宋代社会生活史研究员。

文人与禅家，生活与修行：中日茶风的分野

日本茶虽由临济宗僧明庵荣西由宋带回，但抹茶道却为日本文化深刻之映现，深深有别于中国茶艺。这别，从形貌到内在，从器物到美学，从文化角色到生命境界，处处不同。而所以如此，则因日本茶道之落点在修行，中国茶艺之作用在生活。

日本茶道：茶禅一味

国人谈日本文化，向喜从它诸事皆以中国为师说起，而在保留中国唐宋古风上，日本之于中国亦多有“礼失而求诸野”之处，以是，对日人民族性于外来文化之迎拒乃至接受后之本土化历程乃常忽略。由此谈中日文化之比较与借鉴，自不免偏颇。

日本对中国文化之迎拒，古琴是比较明显的例子。唐时虽胡乐兴盛，琴仍得到长足发展，宋时更因汉本土文化复兴而管领风骚，明季琴书大量印行，琴派繁衍，而此三时代，日本接受中国大量影响，却独不见严格意义下唯一的文人乐器古琴在日本扎根，仅明末清初永福寺东皋心越所传“东皋琴派”以寥寥之姿寂寞传承，可见日人在接受外来文化时，原自有它文化主体的选择在。

这主体选择、迎拒外，更需注意的，是因应自身需要的本土化作为，

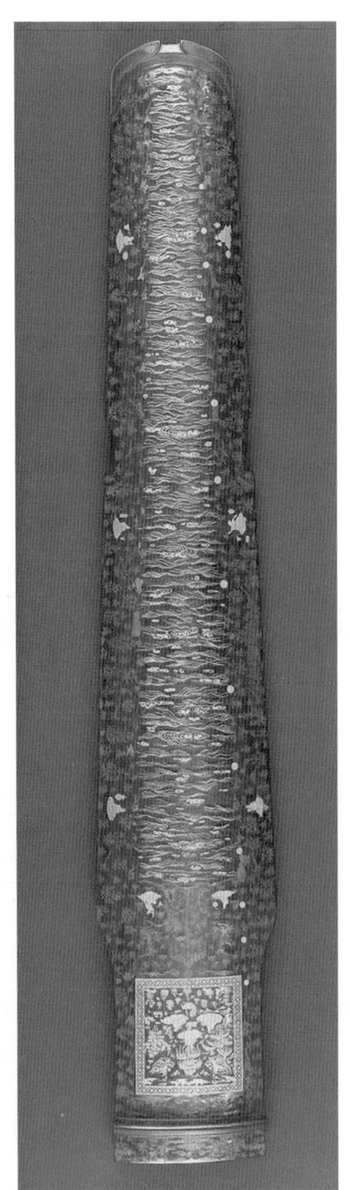

（唐）金银平脱琴全身，藏于日本正仓院，该琴为中国的七弦琴，有中国传统的金银平脱工艺装饰，已有一千多年的历史

以此，日本许多事物虽都自外引入，却又深具日本特质，而茶道则为其中之大者。

日本茶虽由临济宗僧明庵荣西由宋带回，但抹茶道却为日本文化深刻之映现，深深有别于中国茶艺。这别，从形貌到内在，从器物到美学，从文化角色到生命境界，处处不同。而所以如此，则因日本茶道之落点在修行，中国茶艺之作用在生活。

“茶禅一味”是人人朗朗上口的句子，但它其实并不见于卷帙浩繁的中国禅籍，而系出自《碧岩录》作者圆悟克勤东流日本的墨宝拈提，但这一墨宝拈提，却开启并引导了日本近千年的茶道轨迹。

简而言之，日本茶道由禅而启，自来就是禅文化的一环。而禅，宋时以临济、曹洞分领天下，宗风大别。临济禅生杀临时，开阖出入，宗风峻烈；曹洞禅默观独照，直体本然，机关不露。以此不同之风光，临济影响了武士道，而茶道、花道、俳句、枯山水等，则依于曹洞。更直接地讲，日人民族性中之“菊花与剑”，一收一放，看似两极，西方甚至以之为矛盾之民族性格，其实皆立于禅。剑，乃生杀之事，与临济多相关；菊花，固诗人情性，则以曹洞为家风。

曹洞默照，日本禅艺术多透露着这层消息：花道当下静处，俳句直下会心，而枯山水更不似可以观、可以游、可以赏、可以居的中国园林，它只让行者独坐其前，直契绝待。茶道则在小小的茶寮中透过单纯极致的行茶，让茶人与茶客直入空间、茶味、器物，乃至煮水声，以契于一如。

除了曹洞默照的影响，日本茶道之形成规矩严整的形式，也源于日人向以秩序闻名之民族性。此民族性既由于地小人稠，天灾又多，需更强之群体性才好生存的环境，也源于单一民族的单纯结构，及“万世一系”的天皇与封建制度。总之，日本之为一秩序性民族固不待言。也因此，以外规形塑内在，乃成为日人贯穿于生活、艺术、修行的明显特征。而茶道，即经由不逾之规矩，日复一日之磨炼，将心入于禅之三昧。

默照禅的机关不露，澄然直观，正能在最简约的条件下与物冥合，故茶寮简约，茶室数叠，器物亦皆内敛。在此，要的不是放，是收；不是繁华，是简约；不是率性，是规范。茶味本身更不是目的，一切都为了达致禅之三昧。

日本茶道如此，中国茶艺不然，许多地方甚至相反。

中国茶艺：文人修行

中国茶艺历史悠久，却几度变迁，叶茶壶泡之形式起于明，论历史，并不早于抹茶道。日本茶道依禅而立，中国茶艺则立基于文人，尽管宋后文人常有与禅亲近者，但根柢情性毕竟有别。

文人系世间通人，原有钟鼎及山林两面，所谓“达则仕，不达则隐”，此仕是儒，此隐则为道。中国文人多“外儒内道”。外儒是读书致仕，经世致用；内道，则多不以老庄哲思直接作为生命之指引，更毋论“齐万物、一得失”之终极解脱，它主要以艺术样态而现，为文人在现实之外开启生命的另一空间，使其在现世困顿中得一寄情安歇之处。

这艺术，以自然为宗，映现为基点，是对隐逸山林的向往，作用于具体，则有田园诗、山水画、园林、盆栽等艺术形式之设，而茶则为其中一端。

茶产于自然，成于人文，固成就不同之茶性，饮之，却都可回溯山川。而茶艺中，尽管亦有标举儒家规范者，近世——尤其在台湾，也多有想从中喝出禅味者，但大体而言，道家美学仍是中国茶艺之基点，以茶席契于自然仍是重要的切入点，而此切入则又以生活艺术的样貌体现着。

正如中国之于园林与文人之于山水，中国茶之于生命，更多的是在生活中的寄情，让日常中另有一番天地，它是典型的生活艺术，人以此悠游，不像禅般直讲翻转生命。

正因寄情、悠游，中国茶艺乃不似日本茶道般万缘皆放，独取一味。直抒情性的茶艺，总不拘一格。文人既感时兴怀，触目成文，茶席上多的就是自身美感与怀抱的抒发。而文人现实济世之道固常多舛，此抒发乃更多的在放怀，于是啜茶味、品茶香、识茶器、观茶姿乃至以诗、以乐相互酬唱，就成茶席雅事。在此，多的是人世的挥洒、生活的品位，较少修行的锻炼、入道的观照。

此外，中国茶在唐宋虽有一番风貌，但成为典型的文人艺术则在明代，明季政治黑暗，文人不能议论时政，就只能在唯美世界中排遣自己，明代茶书因此尽多对茶物茶事之讲究，却少茶思之拈提。这也使茶艺极尽生活之所能，物不厌其精，行不嫌其美。其高者，固能映现才情；其末者，也就流为逐物迷心之辈。

谈中日茶文化，文人与禅家、生活与修行确是彼此根本的分野所在，它源于不同的历史发展与民族性，最终形成自哲思、美学以迄器物、行茶皆截然有别的两套系统。但也因这根柢分野，率意地在彼此间作模拟臧否乃常有“见树不见林”之弊。在此，无可讳言地，总以茶文化宗主国自居的中国，其识见尤多以己非人之病。

然而，虽说不能率意臧否，但特质既成对比，正好可资映照，以人观己，乃多有能济己身之不足者。

相互映照，以人观己

日本茶道虽言一门深入而契于三昧，虽言以外境形塑内心，但长期以降，日人在茶道上的观照，也常因泥于规矩而老死句下。到日本参与茶席，所见多的是只得其形、未得其旨之辈，如千利休等人之标举，竟常只能在文献中寻。

得其形，未得其旨，日人的茶道修行，在今日正颇有中国默照禅开山祖天童宏智所言，“住山迹陈”之病，而此迹陈，正需“行脚句亲”来治。此行脚，在“侘寂”的基点上，或可尝试注入临济乃至中国不同之禅风，使其另有风光。另外，则在多少让其能不拘泥于狭义之修行样态。

修行，不只住山，不只行脚；修行，还可在生活。千利休晚年说茶道，是“烧好水，泡好茶”，是“冬暖之，夏凉之”而已，其实正预示了大道必易，毕竟，能在日常功用中见道，才真可谓“凡圣一如”。

此凡圣一如，在日本，须体得由圣回凡，在中国，却相反地，须观照由凡而圣。文人挥洒情性，虽看似自在无碍，却多的是自我的扩充，乃至物欲的张扬，即便不然，也常溺于美感、耽于逸乐，因此更须回归

（明）戴进，《溪桥策蹇图》，藏于台北故宫博物院

（日本室町时代）雪舟，《四季山水图（春）》，藏于东京国立博物馆。该画在构图与技巧方面，类似于南宋至元代传统的马远、夏珪、孙君泽等院体传统，画面风格极近明初浙派奠基者戴进画风。雪舟（1420—1506），日本画僧，名等杨，曾来中国学习，故山水画有中国元素风格

自观，由多而一，由外而内，由情性的流露到道艺的一体，而日人之茶道恰可以此为参照。直言之，要使中国茶艺不溺于自我，禅，就是一个必要的观照。

禅，原在中国大成而东传日本，宋后，汉本土文化重兴，宋明之儒者多受禅的影响却又大力辟禅，而即便有近禅者，亦多狂禅、文字禅之辈，是以禅附和文人。日本禅则不然，无论临济之开阖、曹洞之独照，其禅风皆孤朗鲜明，恰可济文人之病。

谈禅家与文人、修行与生活，此文化之差异，当然不只在茶。就画，宋后文人画居主流，禅画却东流日本且开后世济济风光，这画风之分野亦可参照。而就此，坦白说，谈中日文化——尤其是茶，虽历史中有宗主输入之分，有千丝万缕之缘，但与其入主出奴，倒不如将两者视为车之双轮、鸟之双翼，反可从其中识得彼此之殊胜与不足，而在不失自身基点的前提下更成其大，更观其远。

* 本文作者林谷芳，台湾佛光大学艺术研究所所长。

茶，是心之安放，还是物之追逐？

谈茶，是心之安放，还是物之追逐？有心者乃须于此多所觉照，由之既不自误，亦不误人，而个人之安顿能在，文化之弘扬也才成其可能。

从“心之安放”到“物之追逐”

茶虽号称国饮，《茶经》固已成书千载，但茶文化在历史仍迭有起伏，明后尤有没落，及至四十余年前乃有自明季茶事转化而来之中国茶艺在台湾地区复兴，滥觞流布，洵至近几年大陆茶文化之重振更已成为人文回归耀眼之一环。其间，自种茶、制茶、卖茶乃至茶艺呈现及陶瓷布衣等相关文化，无不踵事增华、竞奇斗艳，一派欣欣向荣之象。但识者于此，却多有“已离初心”之叹！

茶之始，本为饮品，然东方茶文化之与西方不同，正在于饮茶不止在饮，更关联生活态度、艺术品位，而其核心，正乃连接于儒、释、道三家之生命哲思。以是，在东亚三国，日本茶道既建基于禅修行，韩国茶礼则体现儒家之伦理，而中国茶艺与文人密切相关，原有其道家自然哲思之基础，在台湾地区则又融入了修行观照。直言之，茶文化在东亚皆直接关联于生命安顿，也由此，乃得以蔚然大观。

所谓蔚然大观，一在指生命安顿之切入，于茶，接得儒、释、道三家。

就此，茶礼举其伦理，茶艺得其涵泳，茶道直入一味，自社会，自美学，自修行，有心者原都可从茶而入，其间之功能作用虽不同，生命情性虽不一，但全体而举，就成其大观。

而蔚然大观，另一则因无论从礼、艺、道何者切入，茶事皆须道器得兼。

道器得兼是茶文化殊胜之所在。以器契道，道就不落于空疏；以道入器，器就不执于形下。正因此，茶文化乃能将生命观照具体落实于茶事中。

茶事之举，从茶器、茶空间到行茶，处处皆为茶人内心之映现，而茶人亦由此映现以修整内心，从而既在茶中涵泳，又在茶中有生命之提升。

正因须以器入道，以道入器，而于道，各家之领略既有别，于器，各人之相应又不一，全体而举，乃蔚然大观。

然而，谈茶，此蔚然大观之“多”，却不能有碍于茶人自身体践之“一”。

说“一”，是因入茶不在外相之追逐，而在与生命之连接。这原点存在，万象就有其核心，你该有如何之茶器、如何之茶席、如何之茶空间，乃至该以何心念而行茶，就容易了然。

而说“一”，还因茶之能与茶人生命相接，原必借由具体行茶取物之锻炼，才真有境界可言。茶人以茶物之备、茶席之置、茶汤之出使自己与茶客入于其中，茶乃能发挥翻转生命之能量。在此，心纯一，事就有其整体性，反过来说，事纯一，也就能促使心安顿。

所以说，茶，正是“一方天地的安顿”。

然而，如今谈茶，却多与此相悖。常见以多为足，以外逐为乐，以繁复为高，以稀有为尚，以表现为得之现象。

以多为足。在此，喝茶，何止于饮品口味之满足，更延伸至地位、钱势、品位之夸耀。

以外逐为乐。在此，茶之行乃无关乎内心，而其外逐，又何止于茶本身，更乃及于相关之事务，于是，习茶竟成为有钱、有闲之专利。

以繁复为尚。在此，如千利休所言“茶道，烧水、点茶而已”，几已成绝响，诸家竞艳，甚至直接以世间习气应于茶席。

以稀有为尚。在此，茶，竞逐稀品，原不在境界之深远，而在以之骄人，乃至竞得厚利。即便不如此，一味追逐稀有，亦乃“致远恐泥”之事，连有所坚持之茶人也常不经意地就在此流失。

以表现为得。原来茶在生活，其基点在与自己生命之连接，之后有待人接物之所用，而现在，茶席之设，固多强调美学之追寻，却常只以表现为乐，茶事，许多时候，还不只是表演，更是在炫耀。

会有这些现象，与茶在极短时间内复兴，未及沉淀有关，与急速扩张，大肆炒作有关。但在此之外，也不能忽略中国茶在历史中较缺乏自觉性观照的因素。

回归本心，自觉观察

说中国茶在历史中较缺乏自觉性观照，许多人想必不服气，毕竟，中国是茶的故乡，但事实却是如此。

相较于日、韩，中国茶更具生活性，这是它的优点，但也有它的局限。

局限有：常于事相上见功力，却于理体上少拈提。以明人茶文化为例，诸家皆公认有其成就，当代之叶泡法亦自其始，但细读明人茶事之记载，

（明）文徵明，《品茶图》局部，藏于台北故宫博物院

则多在物之精、事之细、人之美着眼，几不及于生命之丘壑、境界之观照。

不及于生命丘壑、境界观照，在明，有它的社会背景。其时政治昏暗，文人只能以美学自娱，谈茶，乃不须及于其他。不过，其病，在明并不为大。

不为大，是因文人原有生命素养，这素养自经史得，自庄老释氏得，自诗词书画得，所以，茶，怡情悦性也，可以不及其他。

但如今不同。

不同，是因当代多数人并不具备过去文人之素养。茶人若缺乏相关之生命观照，在此百物争艳之当代，就只能淹没于时潮洪流之中。即此，台湾茶艺虽接续于明，却因历史因缘，而于道之观照多少相应，相对较少此病，而大陆势道既强，一味如此，就将不知伊于胡底。

不知伊于胡底，识者正有此叹！而于此，过去我在《茶·道》一文中，即曾拈出三个坐标以为茶人“不离初心”之观照。

坐标之一为：“于人，情分。”

茶在中国，深植生活，待人接事，固常借茶，即便茶艺之兴、茶席之设，亦多以文会友。而竟以诸物骄人，就无生命情性之相接。茶事在此，须不离温润自然，日本茶道之“和、敬”，即就此立言。温润自然，乃能无关贵贫，你在贵即贵，并不予人压力，在贫即贫，也不稍贱于人。

坐标之二为：“于艺，丘壑。”

茶事之立、茶席之设，本可不止于待人接事，在传统，它原就是一种生活美学，于今，更有以茶为艺事，专事锻炼者，而在此，则须就生命丘壑之涵养而显。

说丘壑，是指艺术之修习与呈现必直指生命境界，正因有此，乃不致溺于美而不自知，不致以艺为能事，竞相炫技，而成为贡高我慢之辈或江湖追逐之徒。

坐标之三为：“于道，安顿。”

道，是生命核心或终极的安放，这是茶作为饮品所最不同之处。在此，日本茶道特有拈提，但日本茶性单一，日本文化又有以禅为基底之

茶道深入了日本普通人的生活，他们所使用的茶具和点茶的方式，都遵循了一定的规则

在茶道中，即使是行走也有严格的规矩。有人说，日本茶道是从规范逐步到心灵内部的

特质，中国茶不同，既千姿百态，又以不同生命情性应于儒、释、道三家。此外，日人擅以外在规矩形塑内心，中国人则喜讲“运用之妙，存乎一心”。这种种，都使谈中国茶，于道之觉照须有更多返观，如此，方不致因外相之华，而迷心逐物。

中国人过去谈人论艺，喜举道器之别，此道器之别不在物，而在心，所行所为关乎生活素养、生命境界，则为道，否则，即便踵事增华，风月无边，亦属俗事。而茶之事，其殊胜正在道器得兼，中国茶更又以艺接通道器之殊胜，但也正因诸相兼备，上焉者固能由器入道，下焉者就只能以道为包装，以艺为装饰，诳骗世人，而观诸当今，无可讳言，此病正炽！

正因如此，谈茶，是心之安放，还是物之追逐？有心者乃须于此多所觉照，由之既不自误，亦不误人，而个人之安顿能在，文化之弘扬也才成其可能。

* 本文作者林谷芳，台湾佛光大学艺术研究所所长。

潮州工夫茶：

一脉相承的事实茶道

“工夫茶生存的依靠是什么？是家庭，我们这里你进去家家户户都有这一套，小孩一走路、一懂事就接触到了工夫茶，所以绝对不会绝种。只要家庭不消失，工夫茶就万寿无疆。”

何为“工夫”？

早在唐代就已形成的中国工夫茶，有“工夫茶”之名，却长期未能得到理论上的证明，竟然持续了1000多年“有实无名”的尴尬局面，甚至于被误认为“失传”！实质上，“中国茶道”“中国工夫茶”“潮州工夫茶”，是三位一体的。其价值取向，当于成型时就已潜存或显存于现实文化和生活方式中，只不过在理论上未经梳理和发挥成为系统而已。可以说，潮州工夫茶实质上已成了中国工夫茶最古老的型种遗存，最早的记录正是唐代陆羽所著《茶经》。潮州工夫茶经历了千余年不断积累、不断扬弃、不断发展的过程而获得幸存的珍稀茶事物化成果，称之为古代工夫茶的“活化石”也无不可。

什么叫“工夫”？一般有四解：工程和劳力，素养，造诣，空闲时间。不得不提的是“工夫”和“功夫”之别。在潮州话中发音都不同，一个念“工(gang)夫”，一个是“功(gong)夫”，完全不一样。而宋明理学家将“工夫”作为哲学范畴来使用。朱熹尚有“穷理工夫”“涵养工夫”之说。

王阳明《答友人问》云："'知''行'原是两个字说一个'工夫'，这一个'工夫'，须着此两个字，方说得完全无弊病。"黄绾《明道篇·卷一》云："以致知示工夫，以格物示功效。""工""功"联用差别显著。可见"工夫"范畴是对主体整个现实活动的哲学概括，显示理学家积功累行，涵蓄存养心性之修养工夫。此类"工夫"，绝不能代之以"功夫"。

专指品饮的"工夫茶"的文字记载，最早见于清代俞蛟《梦厂杂著·潮嘉风月》："工夫茶，烹治之法，本诸陆羽《茶经》，而器具更为精致。炉形如截筒，高约一尺二三寸，以细白泥为之。壶出宜兴窑者最佳，圆体扁腹，努嘴曲柄，大者可受半升许。杯盘则花瓷居多，内外写山水人物，极工致，类非近代物，然无款识，制自何年，不能考也。炉及壶、盘各一，唯杯之数，则视客之多寡。杯小而盘如满月。此外尚有瓦铛、棕垫、纸扇、竹夹，制皆朴雅。壶、盘与杯，旧而佳者，贵如拱璧，寻常舟中不易得也。先将泉水贮铛，用细炭煎至初沸，投闽茶于壶内冲之，盖定，复遍浇其上，然后斟而细呷之。气味芳烈，较嚼梅花更为清绝，非拇战轰饮者得领其风味……"

俞蛟在乾隆五十八年（1793）曾任兴宁县典史，因此对粤东潮嘉一带的民情风俗颇多了解，《潮嘉风月》便是其身临其境之作。他对潮州工夫茶的记述，与现在的流行程式几乎一致。他还解释了工夫茶的主要内涵，那就是茶人的素养、茶艺的造诣以及冲泡的空闲。可见至迟在乾隆年间，潮州地区的工夫茶冲泡方法业已形成规范。俞蛟出生于原属工夫茶中心区的江浙，到了潮州亲见工夫茶的冲泡，竟然大感新奇，也说明这时候他老家的工夫茶早已绝迹了，工夫茶的中心区已经转移至潮州。

至光绪年间翁辉东著《潮州茶经》，对工夫茶更是记述细致，眉目清晰：茶之本质，取水，活火，茶具（依次详说茶壶、盖瓯、茶杯、茶洗、茶盘、茶垫、水瓶、水钵、龙缸、红泥火炉、砂铫、羽扇、铜箸、锡罐、茶巾、竹箸、茶桌、茶担），烹法（依次论述治器、纳茶、候汤、冲点、刮沫、淋罐、烫杯、酒茶、品茶）等。《潮州茶经》突出了潮州工夫茶以"品"为主的井然有序的饮茶方式，是潮州工夫茶茶艺成熟、完善的标志。

事实茶道遗存

为什么说潮州工夫茶是与陆羽《茶经》一脉相承的中国事实茶道遗存？中国茶道形成于盛唐，《茶经》总其大成，其最大特点就是把中国的茶道用泡茶过程作为一个载体体现出来了。当然陆羽有局限，在《茶经》里没有一个"道"，倒是他的老朋友释皎然明确提出了"茶道"。陆羽只是说，要想体现茶道就得有一个载体，那他就把这个载体详细地叙述出来，包括选茶、炙茶、碾末、取火、选水、煮茶、酌茶、传饮八个主要程序。

我专门列表比较过潮州工夫茶艺与《茶经》茶艺的源流关系，当然潮州工夫茶改饼茶为叶茶、改煎煮为冲泡，由此产生的程式和茶具的差异是客观存在的，但就其总体逻辑、程序而言，两者却有着本质上的类同，传承关系非常明显。因为泡茶的总体架构没变，首先选茶，然后取火、选茶具，然后冲泡，最后大家来品饮，都是这五个步骤。再具体看，比如选水，唐朝的时候，第一选山泉水，第二江心水，第三井水，一直到现在还是这个标准。因此，完全证实了俞蛟“工夫茶，烹治之法，本诸陆羽《茶经》，而器具更为精致”的说法。

梳理中国工夫茶发展历史，按冲泡法划界，大体上可分为唐代的煎茶法、宋代的斗茶法、元以后的泡茶法三个主要阶段；按中心区划界，大体可分为唐代的长安工夫茶、宋代的河洛工夫茶、明代的江浙工夫茶、明末清初的闽粤工夫茶、清中期以后的潮州工夫茶五个主要阶段。可以看出，中国政治中心的变化，牵动了经济中心的迁移，工夫茶文化也呈现出“中心迁移”的现象，显示出由北而南的运动轨迹，最后在潮州地区这个相对“隔绝”的有利生态环境中“定居”。

由唐代的长安开始，历朝历代的都城基本都是由北往南迁。自南宋建都临安，经济重心南移已经全面实现，江浙地区经济繁荣发达。如茶叶一项，每年投放市场总值达 100 万贯，多个茶叶名种逐渐取代了福建贡茶的地位。发展至明代，江浙地区终于成为文化影响力最强、能对周围地区起文化辐射作用的特殊区域，也是中国工夫茶的中心区。用小壶也是这个时候开始的，因为知识分子、官僚、商人越来越讲究泡茶时的优雅，那就不如用小壶、小杯，随之产生了一整套怎么选茶、怎么煮水、怎么进水、怎么出汤、怎么来喝的程序，那就是现在潮州工夫茶的雏形。而江浙商人把茶具随身一带，跨过山去闽北做生意，把工夫茶文化也慢慢传了过去，到了闽中，到了闽南，然后就传到粤北，到了广东跟福建交界的地方，再向南，就到了粤东的潮汕地区。越往后推，工夫茶区越见缩小。

工夫茶迁移到潮州，反而在其发源地消失了。为什么呢？工夫茶需要工夫，一朝经济大潮涌动，人心浮动，人们就没有工夫去进行如此程序繁复、技艺细腻地烹饮了。特别是明清易代之时，身处其间的士子，因感受“亡国”的切肤之痛，遂认定明王朝的垮台，与理学“性命之说、易入虚无”的空谈关系密切。清初思想家如顾炎武、黄宗羲、王夫之、陈确、唐甄、颜元等，本着“君子之为学，以明道也，以救世也”的精神，积极倡导“经世致用”，并身体力行，让文化尽量贴近经济，号召士子踊跃从事“治生”的经济活动，紧接着便出现了“货殖之事益急，商贾之势益重”的趋势。在经济活跃的江浙一带，人们的注意力急剧转向。到了乾隆年间，“重商”倾向可谓登峰造极。浙江吴兴人姚世锡的《前徽录》记载，当时的士子竟然“用晚生帖拜当商”，“而论者不以往拜为非”。因此，清代中叶以后，江浙便失去了工夫茶中心区的地位，而潮州地区在接受较长时期的辐射、整合之后，逐渐取而代之。潮州，过去被称作“国角”，国家的角落，山岚瘴气，与外界交通不便，再往前走就是海了，海龙王不喜欢泡工夫茶，所以工夫茶便在潮州安家落户了。

什么是茶道？说白了，泡好一杯茶就是茶道。千利休说得好，“须知茶道之本不过是烧水点茶”，“炭要放得利于烧水，茶要点得可口，这就是茶道的秘诀”。潮州工夫茶的烹法，其精神实质在于强调自然。只有顺应自然，才能得“和”之真谛。烹治，首先要有茶，泡茶须用水，煮水该用火，泡茶、煮水则离不开器具。凡此种种，说白了，实在是极平常、极自然的事，却无处不体现出“道”来。“道”就是一，但是最简单的东西就最复杂。一，代表宇宙，宇宙多复杂啊，地球、月球，各种星球。只是如《周易》中所说，“百姓日用而不知”而已。“知”了，便得“知”在节骨眼上：冲泡好工夫茶，首先必须具备无造作、顺自然之心态。那么所谓的“方法”不都成了清规戒律吗？不！“方法”绝不是清规戒律，那是求得色、香、味俱佳的茶汤最上乘的方法。只有依靠这最上乘的方法，才能让人饮得舒心，这也是人性的本能要求，最符合自然法则。我曾经总结了这一套冲泡工夫茶的程式，说白了，就是一句话——为了把这杯茶汤泡得最好喝，除此之外，多少道程序都是浪费感情。

现在日本的煎茶道、台湾的泡茶道都来源于潮州的工夫茶，可以说他们把工夫茶艺术化了。比如现在台湾的茶具多得很，什么公道杯、闻香杯，在潮州工夫茶中是绝对不允许存在的，因为泡工夫茶就是趁热喝，但经“公道杯”一番折腾后，茶汤几乎变成温吞水；工夫茶品后要“三嗅杯底”，因此“闻香杯”也没有必要。我不好说他们把简单的东西弄得复杂了，但我认为，潮州工夫茶把复杂的东西简化了，是贴近生活的。

之前有一个杭州的学者跟我说：“工夫茶在杭州已经断了绝孙了。”我说：“不会，不会，潮州把它的子孙养起来了，现在是万寿无疆了。”一次国际会议上，一个台湾学者也问我：“潮州工夫茶会不会失传？现在大陆不是快节奏吗？年轻人拼命地赚钱，谁要来搞这个工夫茶？”我说：“你误解了，工夫茶生存的依靠是什么？是家庭，我们这里你进去家家户户都有这一套，小孩一走路、一懂事就接触到了工夫茶，所以绝对不会绝种。只要家庭不消失，工夫茶就万寿无疆。”

潮州当年很多人下南洋，但都随身带着茶具出去，所以现在工夫茶不仅本地没有消失，在南洋一带也开始流行了。我有一年去马来西亚，被邀请当众演示潮州工夫茶，演示完后就有一位祖籍潮阳的陈姓老人家，已经 80 多岁了，跑到台上来，拿了一杯茶说：“陈先生，这不是一杯茶，这是凝聚力呀。”讲得热泪盈眶。他跟我解释：“我从少年时期就随着父辈来到南洋，看到你泡工夫茶，我就想到当年在老家泡的工夫茶，所以我很激动，好像回到少年时期在老家的那个岁月。”这件事让我体会到，工夫茶不是单纯地大家喝茶，它最深层的内涵正是家族的凝聚力，家庭的纽带。

* 本文口述陈香白，中国国际茶文化研究会顾问兼学术委员，广东省非物质文化遗产“潮州工夫茶”传承人。记者贾冬婷，摄影于楚众。

筑境入茶：四季茶会与四时风物

“天气澄和，风物闲美。”陶潜的这句话放在今日的茶会中，也是最适宜不过的。良辰美景，应时应季是茶会中变幻而永恒的主题。彼时此时，一群怀抱梦想的人以茶为媒，在尘世中朝向唯美的意向去实践，从西园雅集、惠山茶会、重华宫茶宴到九华甘露、峨眉行愿、湖州禅茶大会，再到洱海边的“面朝大海，春暖花开”，山水之乐，事茶之美，延续着一份脉传千年的人文情怀。

冬 茶烟茗香，梅影笑颜

寒天冻地之时，温暖的茶汤升腾起乳白的雾气，混合着久酿的蜜花香；炙红的炉火，温烫的泥炉身，偶尔爆起火星子的橄榄炭或龙眼木炭；微凉的茶盏被茶汤唤醒；腊梅在茶案的一头暗自芳香。这样的场景若入了陈老莲、沈周的笔下，几百年后的人们一样会回味不已。

冬日萧瑟，却更令人生发围炉的念想。闭门煮茶，心里怀想大雪天降，方外皆寒，唯一炉一屋温暖。其实走出门去，一样可以在强烈的风物、天候对比中体会到茶汤的美丽。因为在几年前的冬天闻雪而动，到峨眉山最高处金顶赏雪煮茶，心里留下了白雪皑皑中琥珀色普洱茶汤的绝美，经年未忘。无上清凉云茶会第九次茶会定在峨眉，就与众人商议一定要选在冬日，因为，冬日有梅，有雪。

川中自古有种植腊梅的历史，每年花开季节，山里的花农折下大枝的腊梅捆成束沿街贩卖，这种奢侈，在其他城市真是罕见的。成都郊区还有个“幸福梅岭”，几座矮丘，植梅花、腊梅几千株，是成都人冬日消闲游耍的好去处。峨眉山上古寺林立，古木也极为丰富，桢楠、珙桐、水杉、桫椤在古寺与山径间巍峨千年，苍翠染苔。腊梅的一脉冷香和点点黄蕊在冬日幽致至深，峨眉茶会的用花，当然不做二选。

除了在当地借来些老陶瓮做花器，又设计了腊梅入茶。借鉴的是“三清茶”的典故。此茶最早的传说，见于南宋高宗皇帝赵构在临安以“三清茶”恩赐群臣。到清代，“三清茶”是乾隆皇帝亲自搭配并最为喜爱的茶品。乾隆十一年（1746），乾隆帝秋巡五台山，回程走至定兴遇雪，便取雪煎水，帐中与群臣共品三清茶，并赋《三清茶》诗一首：

梅花色不妖，佛手香且洁。松实味芳腴，三品殊清绝。烹以折脚铛，沃之承筐雪。火候辨鱼蟹，鼎烟迭生灭。越瓯泼仙乳，毡庐适禅悦。五蕴净大半，可悟不可说。馥馥兜罗递，活活云浆澈。偓佺遗可餐，林逋赏时别。懒举赵州案，颇笑玉川谲。寒宵听行漏，古月看悬玦。软饱趁几余，敲吟兴无竭。

旧日的“三清茶”以贡茶为主，佐以梅花、松子、佛手冲泡而成，寓意三清。乾隆认为这三种物品皆属清雅之物，以之瀹茶幽香别具。仔细想想更像是一款有花有果实的花果茶，因在峨眉山冲泡此茶，便把底茶改为当地的名茶——竹叶青。

茶会当日，峨眉山冰雪所融泉水温润清甜，条索匀整的竹叶青先投在盏底，以温润泡法润湿，等茶味发散再投入腊梅、松子仁、佛手丝和一小粒冰糖，再次注水。在伏虎寺的庭院里围坐，捧着茶盏，松仁香和腊梅香从水雾里蒸腾起来，竹叶青的气息似乎也真是有了竹的韵味，山、水、茶、花，尽在一盏间。诸般因缘和合，恰好一聚一会。

茶会结束，众人皆散。回头看时，伏虎寺中一片寂静。桫椤古树苍劲挺拔，叶片婆娑含情。我到过？未到过。此山还是此山，古寺仍是古寺，未有丝毫改变。云去云归，方才那一场际会，茶烟茗香，梅影笑颜，须臾已成回忆。

无上清凉云茶会即在峨眉山举办的『峨眉愿行，无上清凉』茶会。冬日清寒，爱茶人在山间古寺起炉煎水，以腊梅入茶，瀹三清茶。林宗辉、黄良摄

春　面朝大海，春暖花开

春日的茶会，总是无由地想起“面朝大海，春暖花开”这句子，于是在冬日就开始酝酿一次携茶远行。苍山下洱海中的双廊玉几岛，曾经是一个几十户人家的小岛。因为赵青、杨丽萍的驻足，小岛日渐热闹。有的人前几年就早早在岛上租地筑屋，面海朝山，作为梦想小筑。几位画家和音乐人的入住，让这小渔岛多了点艺术味道。老友阿文和她先生安南也是动作最快的人之一，他们的大房子就成了我们一拨朋友们栖息双廊的大本营，也是得以安静举办茶会的良所。

大理的春天本来就温暖，也来得早，元宵节前就可以换上薄薄的春服。杏花、梨花、桃花在小岛人家的屋前屋后随意开放，蜜黄的油菜花在低洼的田地上招摇。油菜花被我们用在了茶会中，因为之前课程中有特别讲到油菜花与茶席及千利休的故事，席主们就应时应景地用上了。

在日本，油菜花其实是御供之花，又是茶室中的悲哀之花。它是北野天满宫御供菜种，每年 2 月 25 日日本祭奠学问之神菅原道真，都要供奉红梅与白梅，据说古代的供花却不是梅花而是油菜花。不起眼的油菜花，是日本审美历史上的一个小事件。茶道大师津田宗及就在茶会中两次插过油菜花，并记录在他的《茶会记》里。

而天正十九年（1591），千利休切腹自杀，传说他的席位上插的就是油菜花。后来，三千家在利休忌日供奉利休画像，会在胡铜经筒里插上油菜花。千利休临终前咏叹过一首狂歌：鄙人利休终有报，转世可为菅丞相。千利休对死亡的结局并不甘心，所以日本花道艺术家川濑敏郎固执地认为：“我虽然也曾经怀疑过，但是我现在认为除油菜花之外，无其他可能。”

中国的乾隆皇帝也专门写过赞美油菜花的诗句：“黄萼裳裳绿叶稠，千村欣卜榨新油。爱他生计资民用，不是闲花野草流。”中国文人向来讲究花格、花品，油菜花与名花相去甚远，却因可以惠及百姓而得到乾隆皇帝的赞赏。

朴素、金黄的油菜花插在专门设计烧制的直筒形紫陶花器里，花器是将要苏醒的肥沃土地，花朵饱含热情与实用之美，黄金碎片一样在茶席上闪烁，比其他花朵要生动许多。

洱海边的黄昏与月出是最美的时辰，所以茶会在 18 点开始。风开始缓和柔软，光线带着温暖的味道，一点点暗下去。天边黛色里混合了紫与蓝，最后成为澄金的轮廓。茶人用双廊本地的土陶罐子点起蜡烛和油灯，在烛光下冲瀹出第一道茶汤。茶会邀请了自由音乐家欢庆做即兴的音乐和吟唱，一支刘禹锡的“竹枝词”用巴蜀口音一遍遍吟唱：“杨柳青青江水平，闻郎岸上踏歌声。东边日出西边雨，道是无晴却有晴。”远处的堤岸早已看不见了，谁的爱郎在春天踏响急促的脚步？竹叶舒张，花朵开放，茶汤醇酽，春风熏人醉。面朝大海，原来是这样子，“天地俱生，万物以荣”地欢欣着。

茶会前几日，就一遍遍试着让大家体会音乐律动与行茶之间的关联。闭目，倾听屋外的“海浪”与屋顶的鸟鸣，倾听 CD 中播放的“竹枝词”，每个人，都要去寻找最适宜自己的律动之音。直到茶会当时，在月色下倾听歌者现场的吟唱。从那些柔软喜悦的面容，我知道，有的人已被无我之我打动了。春日的茶会，可以微醺，带着灵性飞翔。

夏　不忘初心，无上清凉

每一个季节都是有质感的。夏日属于透明、清凉的天青色。

因为要在一个下午冲泡十八款茶，我们在露台的树荫下五米长的大木桌上设了一个四人连席。“茶多拉的红魔法”活动收集了台湾、福建、安徽、云南、湖南等地最好的红茶，地点选的是距昆明城三十多里路的安宁石江书院。

书院不仅有笔墨纸砚，还有田地，可耕可读，每年春耕前还要举行“开秧门”的活动，是老习俗，却让人觉得很新鲜。书卷和墨香在庭院书斋中安然如故，老品种的食用玫瑰、蚕豆苗、稻穗在田里自由生长。书院主人给我们摘来一把青翠的稻穗，尖锐而细密的青芒在阳光下闪着银白的光泽，比之前在四周采的野花要有味道，于是把它作为四位席主连席中的主花材。

书院中的传统气质、邻近田园的农耕文化，是这次茶会所选茶境的重要元素。茶席设计便都纳入其间，一树柳荫下，红茶的迷人汤色和蜜香是红茶会中最需要凸显的特色，两位席主都选用厚壁的玻璃盏，既可以尽显澄金红韵，又避免了在户外行茶时茶汤因为风大而散热过快，导致香气尽失的情况。主泡器以天青色调的甜白影青釉面为主，搭配冷色调的锡器，营造清凉感。因为是带有审评性质的茶会，嘉宾各人也备了茶盏，四位助泡及时分汤，每位嘉宾及席主饮后都在评审表格上写下评审记录，并随时发表对各款茶不同的品感。如此多品种、多人共同参与的茶会其实是非常好的学习机会。

茶会的形式其实不是一个固定、一成不变的模式，我们可以根据不同的茶境、茶品、参与者来随机而灵动地设计。这样才会有更多的趣味，令人在其间感受到茶不同角度的美丽，事茶的乐趣也会由此而增加。

另外一次品夏的茶会，选在西山脚下的升庵祠。

西山原名太华山，在明代就有植茶、采茶的历史。民国九年（1920）春，云南都督唐继尧派员迎请虚云老和尚复兴西山上已荒废了的华亭寺，就是后来的云栖寺。虚云老和尚主持昆明云栖寺修复，同时参与或主持兴福寺、节竹寺、胜因寺、松隐寺、太华寺、普贤寺等的修复，艰辛操劳十余年。“修葺寺宇，重建楼阁，添买田亩，兴办林场，弘扬农禅。”太华茶也就是在那个时候在西山上种植并成为僧人和百姓的日用之饮。后来，太华茶闻名全滇，与十里香茶、宝洪茶同为昆明历史三大名茶。

山下升庵祠曾名碧峤精舍，是当年的状元杨升庵在云南时留居的地方。背靠西山，林木荫翳，一树李子满挂枝头，果子圆若翠玉；祠堂前两棵高大的香橼树，传说为杨状元手植。树上也挂着果，夏日里宁静的院落，八席茶正好在廊下、竹间、花畔错落列开。杨升庵盘桓云南多年，留下的茶话诗思不算少，曾在安宁摩崖石刻地题有“不可不饮”，在此吃茶，不是执着，算是机缘暗合。

夏日炎热，古祠中却清凉可人。十里香茶、滇红、南糯山古树茶一道道冲瀹过来，在西山山泉中演绎出清妙汤质。茶会特别取来山泉冷泡的临沧茶区娜罕古树茶——娜罕兰韵，让众人以竹瓢取饮，冷香绕齿，回味生津。

还记得茶会结束后，我打电话给在茶山忙碌而不能参加的好友枝红。枝红说：“云南的大山，这里的人们除了茶树其实没有更多可以创收的东西，我们在茶山上，亲眼看着茶农们靠茶吃饭，茶叶有了市场，茶农的收入就多一些，孩子可以去读书，新房子也能盖起来。做茶会可以让更多的人喜欢茶、关注茶，茶农的茶就会好卖，他们的日子也会更好过。”话很朴实，听来却心里感动。

“无上清凉”其实并不是一味地雅、静，清凉处其实不可见诸表象；茶会也不应该是一味私玩，有的时候我们要培养起对茶、对物、对人的恭敬之心，需要一种仪式感，茶会、茶席是构成这种仪式感的枝条，就像那指向月亮的手指一样，眼中的明月才是充满喜乐的圆满。时隔 4 年，关注茶的人真是多了许多，茶农的生活也发生了很大变化，茶会越来越普遍，但愿我们都不忘初心。

秋 此甘露也，何言茶茗

在大理带游学课程的时候，有一天午后没有课，我就偷懒在房间躺在床上看书。房间的位置很好，窗外就是无遮无拦的苍山。

书看久了，觉得眼酸，我就放眼看向窗外。青山如故，不同的是看见山尖尖上一条条银亮的痕迹。半晌，我才反应过来，那是终年积雪的苍山正在融化的冰雪啊。平时忽略的景象，在这一扇窗的界线内突然变得富有意味。那一刻的感觉，真是山独对我语，我独为山默。

传说苍山上有十八条溪流为冰雪所化，我细细数了一下，有十四条，另外的四条呢？或许隐在我目光不及的地方，或许在这个角度成为无法直视的潜流。以前曾经多次取过溪水泡茶，感动于其水的温软甜润，利茶的宽厚德性。蓝天之下，冰雪自天而降，积蓄于山巅，融化于暖阳，其间有多少天地灵气，山川情意？在这里生活的人有福，可以尽享这样的天赐之水。曾经听说旧时的大理，夏秋之际有人会专门登山敲冰，把冰块带到城中当作小吃叫卖，一块剔透的冰块盛在碗中，浇一勺糖汁，甜甜凉凉地融在口中。想想都美，假如那碗还是一只大理特产的手工银碗，此生别无所求。

上课的时候，我给大家讲了这段故事，其实是想要分享茶人那一颗温柔细致的心。课程中安排了这样的环节，请当地茶友取了三溪不同的泉水，给大家试泡，体会水与茶的不同交汇。课程结束时的雅集，瀹茶的水也是苍山十八溪之一，那日的茶会在半山上举行，风和日暖，望得见大理城的万千民舍，望得见崇圣寺的金碧屋顶。大家都很专注地泡茶，后来，有同学说：“今天泡茶很欢喜。”

这就够了，在她煮水、注水、出汤的时候，是怎样巍峨端丽的交集，为的不就是一份欢喜心？对饮的人，也能从茶汤里体会到这份欢喜，茶会的意义莫过于此。

在对的地方、与对的人一起瀹一壶对的茶，说来并不复杂。晴好的时日，宜人的温度与湿度，适合煮水的海拔和气压，适合节令养生的茶品、茶食，万般俱全，再加上几位瀹茶的高手，茶会便可以有了根基。

中国有那么多美丽的山水、长得那么画意的树木，西园雅集里的场

（宋）刘松年（传），《西园雅集图》局部，藏于台北故宫博物院，绘苏轼、黄庭坚、米芾、圆通大师等盛会于王诜西园的场景

景，应该是国人生活的常态。一天之中光影变化，茶席间的茶与器得自然天光，在不同时辰呈现不同的质感与形态，体会其间种种细微，神游物外，才是中国人吃茶的妙机。有的时候茶会中也会遇到落雨，因为事先已经考虑到，茶席设在屋檐下、古亭里，既可赏雨织如丝之美，又能嗅到雨水里新鲜泥土的味道，还能望茶烟黛青叠涌，更觉茶汤的美妙可口。

2013 年的九华山甘露寺茶会便是逢着这样的雨季，甘露寺中有荷，有芭蕉，有木楼，茶会开始，极静，听得见雨滴从屋檐滴落到石板上细碎溅开，山泉在红泥炉上的银壶中微微作松涛之响。甘露寺是九华山四大丛林之一，坐落于九华山北半山腰，原名“甘露庵”，又名“甘露禅林”。

清康熙六年（1667），玉琳国师朝礼九华途经此地，赞曰：“此地山水环绕，若构兰若，代有高僧。”时居伏虎洞的洞安和尚闻之旋即离洞，并得青阳老田村吴尔俊等人资助破土建寺。动工前夜，满山松针尽挂甘露，人称奇迹，故得“甘露庵”之名。我的茶席取“身如琉璃松间露”为题，想尘世酷热，佛法譬如甘露，可度苦厄；今我辈茶人恭敬事茶，托一瓯清凉在红尘中予人安宁、清静。期冀茶亦可如甘露，润人，润己，观人，观己。君不闻，《宋录》有记：“新安王子鸾、豫章王子尚，诣昙济道人于八公山。道人设茶茗，子尚味之，曰：‘此甘露也，何言茶茗？’”

安然的古木楼，苔绿的天井，静好素朴的席面、茶具，温暖的烛光与笑颜，落入瀹茶者、饮茶人的眼中。若有若无的松针香，注水、出汤之际乳白的水雾挟着纯净的茶香飘至鼻中，是细致的嗅觉体验。雨声、茶鼓声、琴声、箫声，低语的茶话，一一路过我们的耳边，是递进的事茶音韵，待温热的琥珀色茶汤倾入，玄黑里托起一盏流动之温暖，举盏细啜，清晰感受茶汤里从舌尖荡漾，滑下喉咙，温暖至丹田，从味觉之愉悦生发欢喜之心。在茶事的细节、过程里体味茶的流动之美，体味人与境、与人、与器的和悦之趣，方是设席事茶之最终目的，亦是人文茶席之真实践行。四时风物不过借茶会筑境筑梦，待你我同醉。

* 本文作者王迎新，人文茶席创始人。

相关阅读书目推荐

《茶与宋代社会生活》，沈冬梅著，中国社会科学出版社，2015 年；

《两宋茶事》，扬之水著，人民美术出版社，2015 年；

《中国历代茶书汇编》校注本上，郑培凯、朱自振主编，商务印书馆（香港）有限公司，2007 年；

《日本人与茶》特展图录，京都国立博物馆，2004 年；

《宣化辽墓壁画》，河北省文物研究所编，文物出版社，2001 年；

《宋代吃茶法与茶器之研究》，廖宝秀著，台北故宫博物院，1996 年；

《也可以清心——茶器・茶事・茶画》，廖宝秀编，台北故宫博物院，2002 年；

《茶道的开始：茶经》，郑培凯导读，海豚出版社，2012 年；

《茶书》，[日] 冈仓天心著，谷泉译，新星出版社，2016 年；

《从历史中醒来——孙机谈中国古文物》，孙机著，生活・读书・新知三联书店，2016 年；

《杭州茶史》，朱家骥著，杭州出版社，2013 年。

图书在版编目（CIP）数据

茶之道：自由自在中国茶 / 李鸿谷编著. —成都：天地出版社, 2021.6
ISBN 978-7-5455-6087-9

Ⅰ.①茶… Ⅱ.①李… Ⅲ.①茶文化—中国 Ⅳ.①TS971.21

中国版本图书馆CIP数据核字(2020)第215119号

CHA ZHI DAO: ZIYOU ZIZAI ZHONGGUO CHA
茶之道：自由自在中国茶

出品人　陈小雨　杨　政
编　者　李鸿谷
责任编辑　魏姗姗
装帧设计　蔡立国
责任印制　董建臣

出版发行　天地出版社
（成都市槐树街2号　邮政编码：610014）
（北京市方庄芳群园3区3号　邮政编码：100078）
网　址　http://www.tiandiph.com
电子邮箱　tianditg@163.com
经　销　新华文轩出版传媒股份有限公司

印　刷　北京雅图新世纪印刷科技有限公司
版　次　2021年6月第1版
印　次　2021年6月第1次印刷
开　本　710mm×1000mm 1/16
印　张　21.25
字　数　204千字
定　价　98.00元
书　号　ISBN 978-7-5455-6087-9

版权所有◆违者必究

咨询电话：(028) 87734639（总编室）
购书热线：(010) 67693207（营销中心）

如有印装错误，请与本社联系调换